铜包铝复合材料制备工艺

骆俊廷 徐 岩 编著

燕山大学出版社

·秦皇岛·

图书在版编目（CIP）数据

铜包铝复合材料制备工艺 / 骆俊廷，徐岩编著．—2 版．—秦皇岛：燕山大学出版社，2023.6

ISBN 978-7-5761-0468-4

Ⅰ. ①铜… Ⅱ. ①骆… ②徐… Ⅲ. ①铜基复合材料－铝基复合材料－制备－研究 Ⅳ. ①TB333.1

中国版本图书馆 CIP 数据核字（2022）第 257161 号

铜包铝复合材料制备工艺

骆俊廷 徐 岩 编著

出 版 人：	陈 玉		
责任编辑：	孙志强	**策划编辑：**	孙志强
责任印制：	吴 波	**封面设计：**	方志强
出版发行：	燕山大学出版社 YANSHAN UNIVERSITY PRESS	**电　　话：**	0335-8387555
地　　址：	河北省秦皇岛市河北大街西段 438 号	**邮政编码：**	066004
印　　刷：	涿州市般润文化传播有限公司	**经　　销：**	全国新华书店

开　　本：	710mm×1000mm　1/16	**印　　张：**	12.25
版　　次：	2023 年 6 月第 2 版	**印　　次：**	2023 年 6 月第 1 次印刷
书　　号：	ISBN 978-7-5761-0468-4	**字　　数：**	208 千字
定　　价：	49.00 元		

前　言

铜包铝复合材料20世纪30年代起源于德国，随后在美、英、法等国得到广泛的研究和推广。铜包铝复合材料密度小、成本低、节约铜资源，同时具有良好的导电性能，是一种高科技的节铜型国家重点推广产品。铜包铝复合材料广泛应用于自动化、冶金、航空航天、国防、高低压电器、建筑及冶金等行业，主要应用产品包括高频信号传输电缆、开关柜、控制柜、变压器、保险开关、真空开关、中继系统、电机控制中心、轨道供电系统、电极校正线圈、电抗器等绕组、铁路牵引设备、高中低压配电柜、发电机组和变电站、各种铜/铝过渡接头、高低压配电柜导电排、高低压母线、汇流排、触滑线等。

本书第1章对铜/铝双金属复合材料进行了介绍，第2章介绍了铜包铝复合材料的制备方法，第3章和第4章详细地介绍了作者近年来研究的两种铜包铝复合材料的制备工艺，其中第3章重点介绍了铜包铝复合材料铸造-冷挤压工艺，第4章介绍了铜包铝复合材料的铸造-轧制工艺。

本书内容主要取材于先进锻压成形技术与科学教育部重点实验室、燕山大学亚稳材料制备技术与科学国家重点实验室、塑性成形工程系的科研成果以及作者所指导的几位研究生的学位论文。在此，特向硕士研究生徐岩、赵双敬、李建勇等在完成学位论文工作中的创造性贡献致以谢意，同时对博士研究生郝增亮、硕士研究生李建勇在本书的撰写编辑过程中所作出的贡献表示感谢。本书第 3 章和第 4 章的绝大部分内容主要为作者多年科研成果的凝练，同时书中还大量引用了一些国内外学者的研究成果，在此也致以谢意。

本书部分章节内容已经授权中国发明专利：一种铜包铝线成形工艺（专利号：ZL.200810054748.4）。本书在编写过程中也得到了燕山大学亚稳材料制备技术与科学国家重点实验室和先进锻压成形技术与科学教育部重点实验室的大力支持，在此表示感谢。

铜包铝复合材料目前仍处于发展之中，一些概念、理论、技术还在不断地更新，加之作者水平有限，不当之处在所难免，恳请读者批评指正。

目　　录

第1章 铜铝双金属复合材料概述

1.1 双金属复合材料

1.1.1 现代工业技术对金属材料的要求

近几十年来，随着现代工业生产技术的进步，许多产品的工作环境正朝着承受高温、高压和强烈的化学物质作用的方向发展，这就对材料的性能提出了更高、更严格的要求。首先，要求材料具有更高的强度、更高的韧性和更小的比重；其次，为发展航空航天及众多其他工业技术，对提高金属材料的耐热性能提出了迫切要求；再者，要求提高合金的耐腐蚀性能，并要求具有较低廉的价格。对于这些性能要求而言，若仅靠某一种材料是难以实现的，所要求的性能有时在同一材料上又是相互矛盾的，所以把物性各异的材料复合起来，形成一种适合于工程设计应用的新的复合材料，这早已成为材料科学领域广受关注的一个重要发展方向。另一方面，随着机械装备向大型化发展和使用环境的日益苛刻，特别是铜、铬、镍资源的日趋匮乏，以节约稀缺资源为主要目的的复合金属材料的使用更趋广泛，并显示出了十分突出的经济效益。

1.1.2 复合材料的定义和分类

复合材料是由两种或两种以上的宏观均一，但特性不同的材料通过复合工艺而成的一种多相材料。复合材料可以是一个连续物理相与一个连续分散相的复合，也可以是两个或者多个连续相与一个或多个分散相在连续相中的复合，复合后的产物为固体时才称为复合材料，若复合产物为液体或气体时，就不能称为复合材料。复合材料既可以保持原材料的某些特点，又能发挥组合后的新特性，它可以根据需要进行设计，从而最合理地达到所要求的使用性能。

复合材料具有如下特性：

(1) 定义中强调了组元材料的宏观均一准则，这就排除了前面过细的划分，将复合材料的定义域限制在一个合适的范围之内。

(2) 复合材料的组分是人们有意选择和设计的，是一类性能可以人工设计的新型材料,这就和天然复合材料区别开来。

(3) 复合材料的性能取决于每种组分及其相应的含量,但却是其中任一组分所不完全具备的。

随着材料品种不断增加,人们为了更好地研究和使用材料,需要对材料进行分类。材料的分类方法较多,如按材料的化学性质分类,有金属材料、非金属材料之分;如按物理性质分类,有绝缘材料、磁性材料、透光材料、半导体材料、导电材料等;按用途分类,有航空材料、电工材料、建筑材料、包装材料等。

复合材料的分类方法也很多,常见的有以下几种:

(1) 按基体材料类型分类

聚合物基复合材料:以有机聚合物(主要为热固性树脂、热塑性树脂及橡胶)为基体制成的复合材料。

金属基复合材料:以金属为基体制成的复合材料,如铝基复合材料、铁基复合材料等。

无机非金属基复合材料:以陶瓷材料(也包括玻璃和水泥)为基体制成的复合材料。

(2) 按增强材料种类分类

可以分为:玻璃纤维复合材料;碳纤维复合材料;有机纤维(芳香族聚酰胺纤维、芳香族聚酯纤维、高强度聚烯烃纤维等)复合材料;金属纤维(如钨丝、不锈钢丝等)复合材料;陶瓷纤维(如氧化铝纤维、碳化硅纤维、硼纤维等)复合材料。

(3) 按用途分类

复合材料按用途可分为结构复合材料和功能复合材料。目前结构复合材料占绝大多数,而功能复合材料具有广阔的发展前景。21 世纪将会出现结构复合材料与功能复合材料并重的局面,而且功能复合材料更具有与其他功能材料竞争的优势。

结构复合材料主要用作承力和次承力结构,要求质量轻、强度和刚度高,且能耐受温度,在某些情况下还要求具有膨胀系数小、绝热性能好或耐介质腐蚀等性能。

结构复合材料按不同基体分类和按不同增强体形式分类如图 1-1、图 1-2 所示。

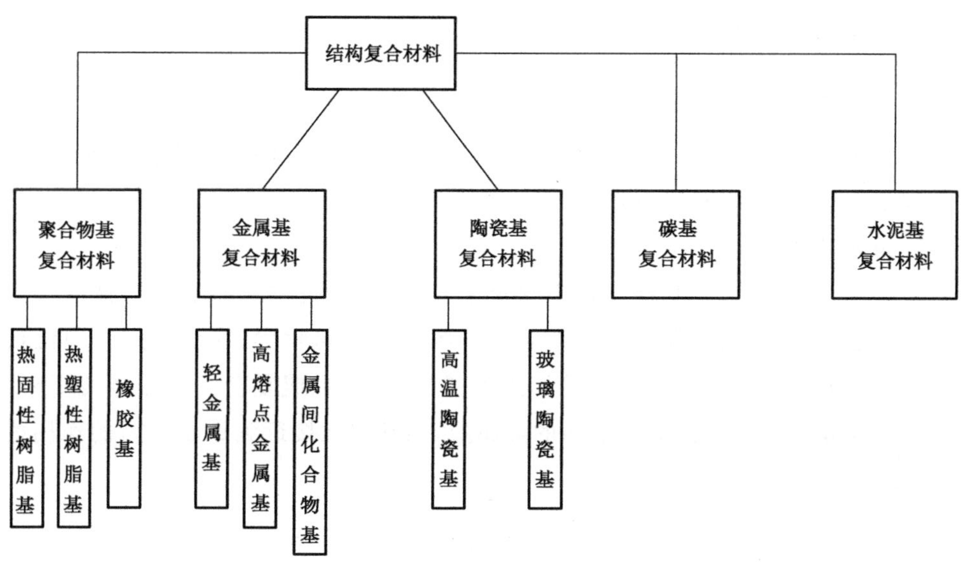

图 1-1　结构复合材料按不同基体分类

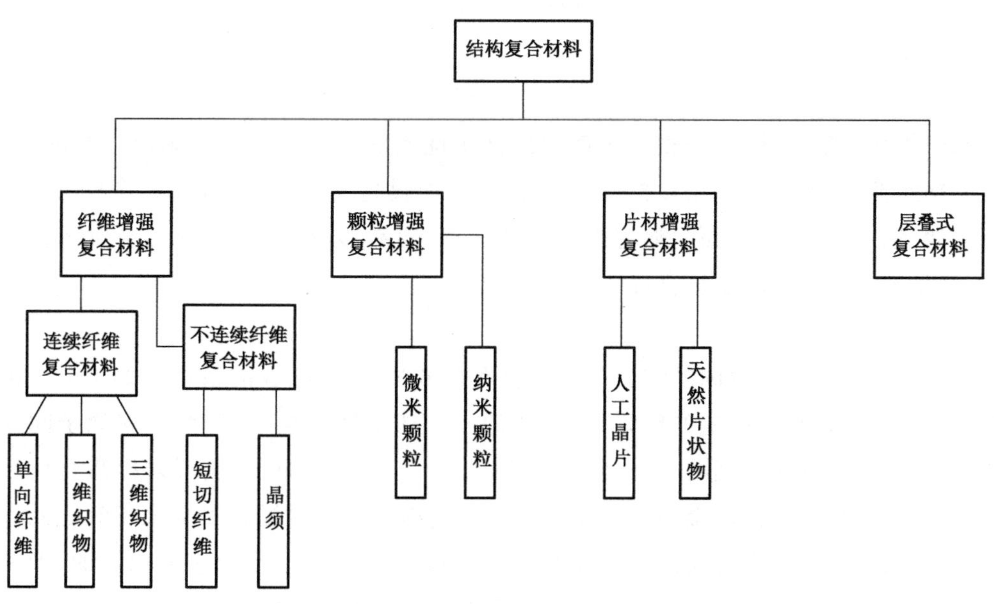

图 1-2　结构复合材料按不同增强体分类

功能复合材料指具有除力学性能以外其他物理性能的复合材料，即具有各种电学性能、磁学性能、光学性能、声学性能、摩擦性能、阻尼性能以及化学分离性能等的复合材料。

1.2 双金属材料复合机理

1.2.1 结合机理

双金属固相复合机理极为复杂，众多科研工作者从不同角度进行了研究，提出了各种结合机理，主要有以下理论：

1. 薄膜理论

薄膜理论认为，金属间结合并不取决于材料本身的性能，而取决于被复合金属表面的状态，只要除去被复合金属结合面上的油污及氧化膜，在变形过程中使被复合金属表面相互接近到原子间力的作用范围内，即可形成复合。当金属变形时，硬而脆的氧化膜被粉碎而裸露出清洁的金属层，当其相互接近到原子间力的作用范围时，就牢固地结合在一起。

2. 位错理论

当金属内部产生协调一致的塑性变形时，位错迁移到金属表面，从而使金属的氧化膜破除，并形成高度只有一个原子间距的小台阶。把金属接触表面上出现位错看作是塑性变形阻力的减小，因而有利于金属的结合。

3. 扩散理论

该理论认为金属在 0.6～0.8 倍的熔融温度下相结合时的界面间存在一层很薄的原子相互扩散区域，这一相互扩散层保证了优质的结合。这一理论也存在缺点，因为据此推断，如果增加相互扩散层的宽度，应能提高结合强度，但事实并非完全如此。如：钢/铝的复合界面间随着扩散层的增加，容易形成 FeAl 组分的金属间化合物，且是脆性的而破坏了结合性能。

4. 能量理论

能量理论认为金属间的结合中并不存在扩散过程，其结合的条件是处于金属接触区的原子必须具有一定的能量，只有当原子的能量达到这一值时，金属原子间才能形成金属键，进而其间的界面消失而相互结合。众所周知，加热可以提高金属原子的能量，因而能够促进金属间的结合，但是，当温度进一步提高时会由于氧化的存在而影响结合。另外，金属的结合是与异种金属的物理化学性能紧密相关的，即并不是每一种金属间都能实现结合，这一点用能量理论是无法解释的。

5. 再结晶理论

在高温或大变形条件下，金属接触面中的原子在晶格中重新排列，从而形成同属于两层金属的共同晶粒而结合。但是，如钢/铝或不锈钢/铝复合材料，由于它们的再结晶温度相差悬殊，即当铝发生再结晶相变时，因为钢的再结晶温度较高而很难发生再结晶，因此再结晶机制在这种复合材料中很难发生。现在的研究者正在努力寻求一种有效方法来降低钢的再结晶温度，如改变钢的化学成分，以期使结合面实现再结晶结合，并提高复合材料的再加工性能。

6. 三阶段理论

三阶段理论是近年来在上述几种理论基础上总结出来的，它包括多种复合形式共同具有的一些概念，是目前公认的复合过程中的结合理论基础，具体如下：第一阶段是物理基础的形成阶段。在这个阶段中，依靠塑性变形，异种金属材料的原子在整个接触面上相互接近到能够引起物理作用的距离，或者相互接近到足以产生弱化学作用的距离，此时位错消失，并完成复合材料接触区激活，形成弱化学键。第二阶段是化学基础的形成阶段。在这个阶段中，首先在已开始激活的接触面上形成激活中心，然后在两种金属表面之间产生物理化学相互作用，最后形成化学键。第三阶段是“体”相互阶段。在这个阶段中，异种金属材料的原子通过实现的物理接触界面向四周扩散，金属内部的缺陷逐渐消失，在接触处形成共同的晶粒，并导致应力松弛直到发生再结晶。在进行异种金属复合时，第一阶段和第二阶段是掺和在一起进行的，很难区分，因为两种复合金属的表面在相互接触过程中，当产生协调一致的塑性变形而使个别凸出点被压平时，其激活过程就已经开始了。第三阶段比较明显，当接触处产生再结晶形成其共同拥有的晶粒后，该阶段也就宣告结束。

综上所述，关于金属结合的机理存在各种各样的理论，并且还存在其他的复合理论，且各有优缺点，很难达成一致；就单独某一理论而言，只能解释某些金属的结合过程或金属结合中的某些现象，均有待于进一步发展。因此，要尽力综合各种理论的优点来解释金属间的结合机理。

1.2.2　结合机制

按金属复合界面结合机制的不同特点一般可以分为三种类型：压力复合、扩散复合和熔铸复合。爆炸复合、轧制复合、挤压复合等都属于固相压力复合。研究者认为，爆炸复合界面是通过直接粘着区和交替存在的金属熔化薄层快速凝结连接起来的。轧制复合、挤压复合主要是借助金属的塑性变形破坏表面膜，使界面新鲜金属暴露并相互有效接触实现界面良好的结合，所以也称之为压力焊。扩散复合是使清洁金属表面在压力作用下有效接触，在一定的温度下使界面原子相互扩散形成一层很薄的过渡扩散层，实现界面的良好结合。与压力复合不同，扩散复合没有金属的宏观塑性变形。熔铸复合是采用铸造的方法使两种熔点不同的液态金属先后熔铸在一起。早期的熔铸复合是在近平衡凝固条件下进行的，常导致界面元素过度扩散,有害相的生成甚至发生固体的过分溶解,导致复合材质量不好。现代液、固相技术是以液态金属快速非平衡凝固和半凝固态直接塑性成型为特征,因此可以克服熔铸复合的一些弊病。初步研究表明,现代液、固相复合常常存在多种复合机制,包括热反应机制、扩散机制和压合机制。由于液态金属的快速凝固、结晶以及半凝固性塑性变形的作用,可以有效控制异种金属复杂界面反应(润湿、结晶、扩散、溶解、新相的生成和成长)的方向和限度,从而可以保证复合界面良好结合、复合材料的高质量和复合工艺的高效率。

1.3 铜铝双金属复合材料

铜铝双金属复合材料的特殊性能及广泛的用途促使其快速发展。目前铜铝双金属复合产品主要有:铜包铝复合线材,铜铝复合接头材料,铜包铝复合板带。铜包铝线材是一种双金属线材,是在铝线外表包覆一层一定厚度的铜层,使该线材成为一种高性能的双金属线材。铜铝复合接头材料是一种把铜和铝过渡结合在一起,用来分别连接铜、铝导体的双金属复合材料。铜包铝板带材料是一种以铝为基体,外层包覆铜,使它们之间形成永久性原子间冶金结合的双金属复合材料。

1.3.1 铜包铝复合线材及其特性

铜包铝复合线材是指芯部材料为纯铝,外层包覆材料为纯铜或紫铜,铜的厚度较小。铜包铝复合线材电缆结构剖面如图 1-3 所示。

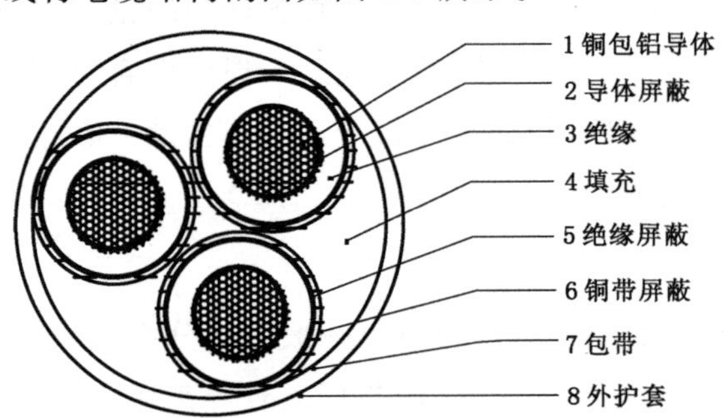

图 1-3 铜包铝复合线材电缆结构剖面图

铜包铝复合线材最早由德国在 20 世纪 30 年代推出,随后在英、美、法等国得以推广,广泛应用于各种电子元器件的接插件、电力传输和电话线路的架空线、电气化铁路、航空航天器的电缆和连接线材料、高频率信号传输材料、有线电视同轴电缆的首选内导体材料、电力电缆导体材料、汇流排等各个领域。美国的 CATV 电缆早在 1968 年就开始使用铜包铝线,消耗数量达 3 万吨/年,现在美洲国家已经用铜包铝(钢)电缆代替了纯铜电缆。我国对双金属复合线材的研究起步较晚,从 20 世纪 90

年代开始产业化、商品化。近年来,我国铜包铝 CATV 电缆也开始被大量使用,在国内已经形成一个新兴产业。国家于 2000 年制定了行业标准——SJ/T 11223—2000,大力推广宣传使用铜包铝电缆。目前,上海、广州、浙江、辽宁等地的有线电视台已经普遍采用了铜包铝电缆,反映良好。对双金属线材的研究对我国线缆行业的发展起到了很大的推动作用。

铜包铝复合线材是由铜、铝两种材料经一定的复合工艺制造出来的一种新型材料,兼备两种材料的优点于一身,大概归纳如下:

(1) 具有良好的耐腐蚀性:铝比铜易腐蚀,但由于铜包铝材料已经完全冶金化,铝完全被铜所覆,不会被水、空气接触,完全达到与铜一样的性能。对于铝导体,特别是在沿海地区,大气中盐雾所含有的氯离子会凝聚在铝的表面,易在表面的杂质和缺陷周围引起局部腐蚀,形成孔洞、裂纹和微电池,加剧铝导体的腐蚀。

(2) 提高了同轴电缆信号传输的稳定性和可靠性。同轴电缆常用铝作为外导体,因铜包铝线的膨胀系数相对纯铜而言与铝材更为接近,从而减小了因温度变化使电缆内、外导体膨胀不匹配而产生的连接故障。

(3) 节约了稀有资源金属铜,降低了生产成本,有效合理地利用了有限资源。

(4) 铜包铝线的比重仅为纯铜线的 40%左右,在线径、重量相等的情况下,其长度是纯铜线的 2.5 倍。比重小,重量轻,便于运输和安装。

1.3.2　铜铝复合接头材料及其特性

铜铝复合接头材料是指一部分是铜,一部分是铝,两者过渡结合在一起。铜铝接头被广泛用于石化工业、电器工业和制冷工业。在电气设备连接过程中,过渡接头是关键的零件。目前采用铜、铝复合而成的接头是主要的产品之一,如图 1-4 所示。

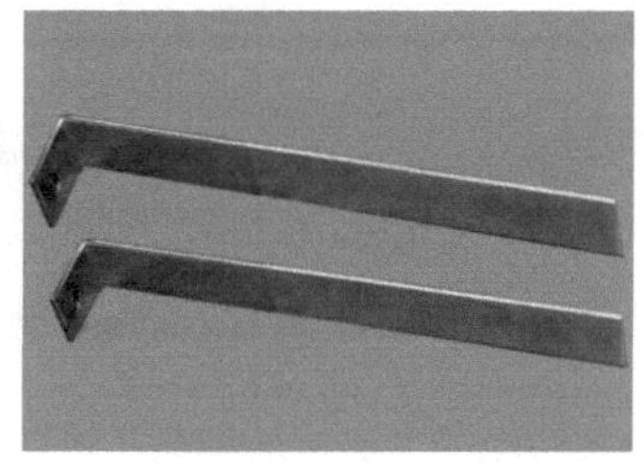

图 1-4　各种铜铝复合接头

在电力系统中,导电材料的消耗量巨大,大部分设备接线端的触头都是铜材料,因铝材料较轻又导电,所以架空导线多为铝材料,用铝材料制作的导线应用广泛。

如果铝导线与设备接线端的铜材料直接相连，接触电阻会很大，当设备长期运行、过载或短路时，连接处就会产生大量的热量而迅速升温，热量传递到电力设备上，如变压器，轻则发生烧毁触头、缺相运行造成停电事故，重则引起设备烧毁、设备爆炸、火灾等重大事故。铜铝复合接头作为特殊综合性能材料，有着优良的机械性能和导电性能，因此电力系统和制冷、供暖设备中一般使用经过特殊工艺处理焊接而成的铜铝过渡接头，如变压器铜铝母线过渡装置接头、阴极铜铝压接器、DTL 铜铝接头、熔铸型铜铝过渡接头、铜铝软带按头、太阳能接收装置等。

但目前的工艺水平使得焊接处不可能完美无缺，铜铝焊接属于异种金属的焊接，比焊接同种金属要困难得多，而且不同材料之间性能的差异会很大程度地影响焊接性。只要有小小的缝隙，便有可能受空气、水分等的入侵，发生氧化，使接触电阻增加，运行过程中产生大量的热进一步加剧氧化面的扩大，最终导致铜铝过渡接头发生强度的下降而断裂。此外，接触电阻的增加还会导致线路的短路电流减小，以至于延长短路保护装置的动作时间，甚至有可能阻碍短路保护装置的动作，严重地威胁到供电系统的安全性。如何防止铜铝过渡接头的氧化、断裂是当前急需解决的问题。

目前，生产铝、铜复合接头一般采用的焊接方法主要有：扩散焊、镀覆过渡层气氛保护焊、电子束焊、摩擦焊、超声波焊、压焊等方法。各种焊接方法对于生产铜铝复合接头均各有优缺点。

1.3.3 铜包铝复合板材及其特性

铜包铝复合板材是在铝板的表面包覆一层纯铜板或紫铜板的复合材料。铜包铝复合板材俗称铜包铝排，其结构如图 1-5 所示。

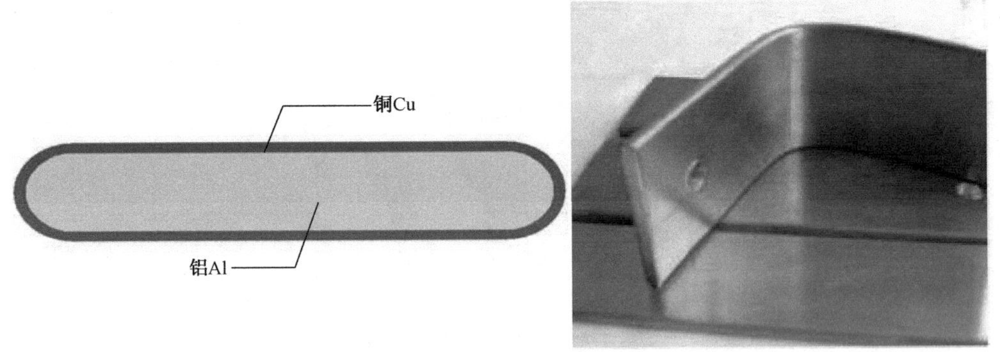

图 1-5 铜包铝排

早在 20 世纪 60 年代，欧美一些国家就开始研究和应用铜包铝材料，并最早制定导体标准。铜包铝在欧美被称为继铜、铝后第三代新型导体，各国都有相关行业标准，现已进入实用化阶段，广泛应用于自动化、冶金、高低压电器、建筑及行业等行业，用于开关柜、控制柜、变压器、保险开关、真空开关、中继系统、电机控制中心、轨道供电系统、铁路牵引设备、高中低压配电柜、发电机组和变电站、高低压配电柜导电排、高低压母线、汇流排等产品（见图 1-6）。

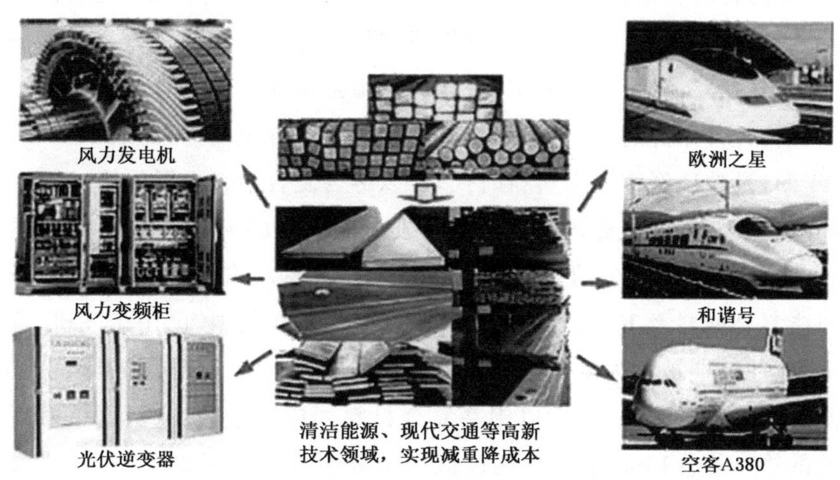

图 1-6　铜包铝复合扁排的应用领域

铜包铝排是一种新型铜铝双金属复合材料，经济适用、绿色环保、节约铜资源。该产品采用独特工艺技术制造，具有良好的力学及电学性能。其特点大概归纳如下：

(1) 比重小，重量轻，节约成本，便于运输和安装。铜包铝排中，铜占比重的 40%，铝占比重的 60%，铜包铝排的密度仅为纯铜排的 40%左右，同等重量时，铜包铝排的长度是纯铜排的 2.5～2.7 倍。

(2) 良好的力学性能。铜包铝排经过特殊的热处理工艺，具有一定的可塑性，有利于避免对产品进行冲孔、剪切、弯曲加工时发生开裂或分离。

(3) 抗氧化，耐腐蚀。铝极易被氧化，铝表面氧化后会形成绝缘层，接触电阻就会增大而产生热量，发热又加剧氧化速度，导致恶性循环，造成接触面断电，严重时甚至烧毁。铜表面抗氧化性能强，且氧化后仍具有导电性，不影响供电安全。同时为提高抗腐蚀性能，可在铜层表面进行镀锡、镀锌处理，进一步深加工成镀锡铜包铝排。

由于我国的铜资源匮乏，电工电气企业在使用消耗量较大的纯铜排时的成本很高。随着经济技术的发展以及能源的合理化利用，铜包铝复合板材有着广阔的应用前景，同时仍需继续研究，包括对铜铝复合板合理、经济、高效的工业化生产工艺的研究。

1.4　铜铝双金属复合材料的发展

复合材料，就是由两种或两种以上的材料经一定的复合工艺制造出来的一种新型材料，兼备两种材料的优点。自然界中存在许多天然复合材料，人类很早就接触和使用各种天然复合材料，并仿效自然界研制复合材料。现代复合材料的研制成功则要从1942年，第二次世界大战中，玻璃纤维增强聚能树脂复合材料被美国空军用于制造飞机构件开始算起。材料科学家们认为，就世界范围而论，从1940年到1960年这20年间，是玻璃纤维增强塑料时代，可以称为复合材料发展的第一代。从1960年到1980年这20年间是先进复合构料的发展时期，1960年至1965年英国研制出碳纤维，1971年美国杜邦公司开发出Kevler-49，到1975年先进复合材料“碳纤维增强环氧树脂复合材料及Kevler纤维增强环氧树脂复合材料”已用于飞机、火箭的主承力件上，这一时期被称为复合材料发展的第二代。1980年到1990年间，是纤维增强金属基复合材料的时代，其中以铝基复合材料的应用最为广泛，这一时期是复合材料发展的第三代。1990年以后则被认为是复合材料发展的第四代，主要发展多功能复合材料，如机敏（智能）复合材料和梯度功能材料等，随着新型复合材料的不断涌现，复合材料不仅应用在导弹、火箭、人造卫星等尖端工业中，在航空、汽车、船舶、建筑、电子、桥梁、机械、医疗、纺织和体育等各个部门都得到应用。

双金属复合线材是集两种不同性能的金属于一体而制成的新型线材。双金属复合导线是在20世纪30年代由德国发明的，随后在美、英、法等发达国家推广，并广泛应用于高频信号传输电缆、电力电缆、控制电缆、电磁线和特殊漆包线等领域。目前，双金属复合导线主要有铜包铝线、铜包钢线和铝包钢线等，其中铜包铝线和铜包钢线是线缆行业中应用最广泛的双金属复合线材。铜包铝线同时具备铝的密度小和铜导电性好的特点，而铜包钢线则同时具备钢的高强度和铜导电性好的特点。由于高频信号的电流“趋肤效应”的特性，采用双金属复合线作为传输导线或作为内导体的同轴电缆，不仅具有高的信号传输特性，而且具有重量轻、强度高、生产成本低等优点，特别在节约日渐增长的铜资源需求上有着重大的实际意义。

这种双金属复合线材的表层为铜导体，因此，对具有“趋肤效应”的高频信号是良好的载体。在高频传输范围内主要用于同轴电缆内导体，被誉为纯铜线内导体的更新换代产品，能提高电视网络铺设、移动通信基站建设及隧道漏泄电缆架设的质量。在低频传输范围内，铜包铝线用于建筑布电线和电焊机电缆可减轻重量，若加工成直径较小的轻型电磁线，应用于航天航空仪表线圈、计算机、电子设备和音响线圈，则成为高附加值导线。铜包钢线由于强度高可应用于双芯电话线、电话用户线、电子元件引出线、电子元件插件线、电气化铁路多股绞线承力索、军工被复线及电缆编织屏蔽线等。

20 世纪 60 年代以后，双金属复合导线的生产发展加快，工业发达国家，如美国、德国、英国、法国、日本、瑞典等国从 20 世纪 70 年代就开始采用各种不同的制造方法生产双金属复合导线，并形成巨大的产业，应用的范围也不断地扩大。我国的双金属复合导线的研制起步较晚，大约是从 20 世纪 70 年代开始的，产业化、商品化是从 20 世纪 90 年代开始的，如今已在国内形成一个新兴产业，对我国线缆行业的发展起到了很大的推动作用。

由于双金属复合材料对国民经济发展的重要作用，国内外都对其制备方法、工艺技术、材料性能等的研究给予很大的重视。研究的重点是制备方法和工艺技术，而对应的双金属结合理论及其材料组织和性能的研究相对薄弱，究其原因是制备方法和工艺技术与生产实际直接关联，而且复杂和多样化。但是，各种加工制备的双金属结合机理及其材料组织和性能的研究，亦关乎制备方法和工艺技术的正确应用，并直接与产品性能的提高和推广应用紧密相连。因此，进一步对其深入研究和理论探讨，不仅有着重要的理论价值，而且对于指导生产实际和提高产品质量有着重要的实际意义。

1.5　铜包铝复合材料的应用

1.5.1　铝包铝线在射频同轴电缆中的应用

电缆电视系统使用的物理发泡射频同轴电缆是新一代的射频同轴电缆。这种电缆的内导体可采用铜包铝线，其外导体采用铝塑复合带加铝合金线编织或铝管结构，可以节约用铜，降低成本，提高电缆的安全可靠性。

内导体为铜包铝线的物理发泡电缆，主要用于干线、分支线的传输线，相同重量同规格的铜包铝线长度是圆铜线的 2.7 倍。采用铜包铝线作为内导体的电缆，安装简易，柔软性好，使用安全可靠。在铝管外导体电缆中，铜包铝线和铝管有大致相同的热膨胀系数和弹性模数，两种结构材料以大致相同的速率共同膨胀或收缩，这就大大减少了因温度变化或外力作用而出现各种故障的可能。

铜包铝线的铜层厚度应满足高频下电流透入深度的要求。根据通信电缆的传输原理，在高频下由于集肤效应作用的结果，电流实际上是沿着内导体表面极薄的一层流动，而导体的中心或内层是不起作用的。频率愈高，电流愈趋于导体表面，其电流密度也越大。电流透入导体内部的程度可用透入深度 Q 来表示，透入深度与所用材料及频率 f(赫兹)有关。铜材的电流透入深度可用下式计算：

$$Q_{铜}=\frac{67}{\sqrt{f}}(\mathrm{mm}) \tag{1-1}$$

假设频率为 10 MHz，采用铜包铝线，根据上试计算得出的电流透入深度为 0.021 mm。外径为 2.15 mm、铜体积为 8%的铜包铝线，其铜层厚度大于 0.045 mm，铜包铝线的铜层厚度，大大超过电流透入深度的理论值。当频率愈为增加，电流透入深度值就愈小。因而铜包铝线能够保证高频下信号传输的畅通，具有铜内导体一样的导电性能。

采用铜包铝线的射频同轴电缆，其衰减常数也同样可符合频率同轴电缆标准的要求。衰减常数反映了电磁波能量沿电缆传输时的损耗和大小，是射频同轴电缆的主要传输特性之一。传输损耗包括绝缘材料引起的介质损耗和导体材料引起的电阻损耗，其中以内导体的损耗最大，因此铜包铝线的质量对衰减常数的影响相对较大。现以用铜包铝线制成的 SYWY-75-12 型射频同轴电缆为例，其衰减常数与纯铜线相比是一致的，都能满足射频同轴电缆标准的要求，不同内导体 SYWY-75-12 型射频同轴电缆的衰减常数对比列于表 1-1。

表 1-1　不同内导体 SYWY-75-12 型射频同轴电缆衰减常数对比

标准要求及内导体线种	最大衰减常数/(dB/100 m)			
	50 MHz	200 MHz	550 MHz	800 MHz
标准要求	1.90	3.90	6.70	8.20
铜包铝线	1.72～1.68	3.53～3.42	6.00～5.93	7.35～7.24
铜线	1.76	3.54	6.03	7.30

通信电缆中的射频同轴电缆和 CATV 同轴电缆是铜包铝大量应用的领域，由于电缆的传输信号通常为高频，在趋肤效应上铜包铝线的传输性能与铜线相同，因此，是使用铜包铝最早，同时也是使用量最多的领域。国际电工委员会标准化组织 IEC 于 1995 年制定的 IEC 61196《射频电缆　第 1 部分：总规范——总则、定义、要求和试验方法》标准中，将铜包铝线列为射频电缆内导体材料。用于这一领域的 CCA 导体通常为 10A 或 15A 的软态线，规格范围一般在 ϕ2.05～5.08 mm 之间。目前，随着我国通信电缆增长的减缓，铜包铝线在该领域中的应用数量已趋于饱和状态。

1.5.2　铜包铝线在汽车布线中的应用

用铜包铝线制造的线缆或用铜包铝线制造的汽车捆扎线束可有效减轻重量、缩小体积,改善其柔软性和安装性能,对于降低汽车油耗和提高性能起到良好的作用,并且有利于降低组件的成本。

硬拉铜包铝线在汽车用电线和捆扎线束中代替铜线应用,可减轻重量、节省铜资源。线规 AWG10 铜包铝导线与线规 AWG12 的铜导线在电气性能上相当,但重量可减轻 40%,这一对比关系适用于各种规格的电线,性能比较列于表 1-2 和 1-3。

表 1-2　10%硬拉铜包铝线的性能

线种	铜的厚度	铜的体积/%	电阻率/($\Omega \cdot mm^2/m$)	密度/(g/cm^3)	抗拉强度/MPa
铜包铝线	直径的 2.5%	10	0.027	3.3	250
铝线	100%	100	0.017	8.9	230

表 1-3　铜包铝线与铜线的比较

线规和线种	结构(股数/线径)/(/mm)	电阻/(Ω/km)	导体重量/(kg/km)	电流容量/A
AWG10 铜包铝线	19/0.57	5.6	16	47
AWG12 铜线	19/0.46	5.9	27	46

10%铜包铝线的电阻比实芯铜线的电阻小两个线规,例如 12AWG(2.05 mm),10%铜包铝线,与同样长度 14AWG(1.63 mm)铜线有同样的电阻。在汽车后窗除雾器动力线中以 16AWG 铜包铝线代替 18AWG 铜线的优点如表 1-4 所示。

表 1-4　汽车后窗除雾动力线改用铜包铝线的对比结果

线规和线种	重量/kgf	电阻/mΩ	导体成本
18AWG 铜线	0.003 8	7.72	较高
16AWG 铜包铝线	0.002 8	7.72	较低
改进	26%	—	—10%

在汽车电池线中,以铜包铝线代替铜线,此种概念车要求电池线 6 m,绝缘材料用 TFE,根据所需电流用 4AWG(6.5 mm 导体)铜线或 2AWG(7.5 mm 导体)铜包铝线。通过比较,采用铜包铝线的电池线比采用铜线的电池线重量少 0.4 kg,由于汽车要求使用一对电线,所以采用铜包铝线后重量共减少 0.8 kg,这将十分有利于

降低成本(见表 1-5)。

表 1-5　概念车电池线的性能

线种	直径/mm	电阻/mΩ	导体重量/kgf	电线重量/kgf
4AWG 铜	9.27	5.2	1.18	1.72
2AWG 铜包铝	10.80	5.0	0.68	1.31

1.5.3　铜包铝线电力电缆的应用

铜包铝目前主要是在低压电力电缆中生产使用,虽然中压电缆也有涉及,但数量很少。和电气装备用线一样,把铜包铝作为导体运用于电力电缆中的主要原因也是由于铜价的上涨,以及铜包铝在接头环节上优于铝芯电缆的缘故。在国际上,如美国的 UL1581、UL1072 以及 UL83 等标准对铜包铝作为电力电缆导体的性能和线规都做了相应的规定,但在实际运用中范例很少,到目前为止铜包铝电力电缆只有企业标准。正是由于上述因素的影响,我国生产铜包铝电力电缆的企业数量有逐年增加的趋势,从 2005—2006 年全国只有三五家的制造企业,到目前为止,已发展到几十家企业。图 1-7 为我国目前不同导体在电力电缆中的应用比例情况。

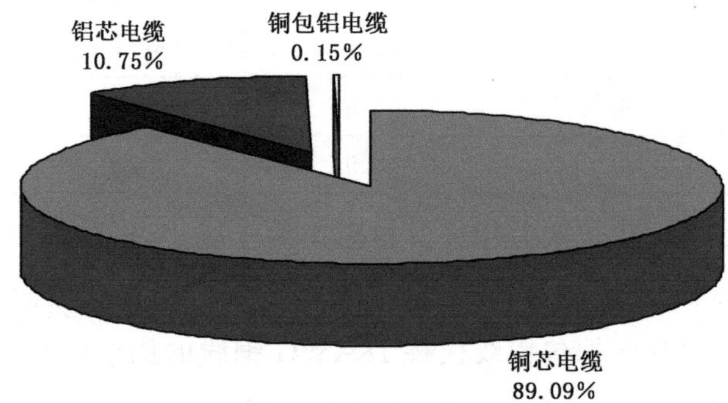

图 1-7　三种导体在电力电缆中的应用比例

第2章　铜包铝复合材料的制备方法

2.1　引言

根据截至目前的研究和生产的应用，铜包铝复合材料制备工艺从总体上可分为三大类：固-固相复合法、液-固相复合法和液-液相复合法。固-固相复合法包括爆炸复合法、挤压复合法、爆炸焊接热轧法、轧制复合法、扩散复合法、扩散焊接法等；液-固相复合法包括复合浇铸法、反向凝固法、喷镀复合法、钎焊法、铸轧法等；液-液相复合法目前仅有电磁连铸生产复合法。

2.2　爆炸复合法

爆炸复合技术于1957年由杜邦公司首先研究成功，它是以炸药为能源，炸药被引爆后，经过自加速，转变为稳定的爆轰，并以一定的速度向前推移，复层板在爆炸冲击波和爆轰产物压力作用下以一定角度与基板发生碰撞，从而在基板和复层之间实现冶金结合。此法生产的复合板结合强度高，生产速度快，对于面积为几平方米的板材焊接，以上过程在千分之几秒内就可完成。因此爆炸复合法特别适用于一种金属和另一种金属的大板面复合、管与管的焊接，以及用其他办法难以生产或不可能生产（两种金属的熔点相差悬殊、热膨胀系数以及硬度相差很大）的金属焊合。

2.2.1　爆炸复合法工艺分析

爆炸复合法的以上优点对于铜铝双金属的复合在很多方面有其特殊的优势：

（1）使用爆炸复合法可以实现界面的自清理。

（2）在很大程度上简化了生产工艺，降低了复合的难度。

但是大面积板材的复合，由于起爆位置、间距、装药形式以及爆轰波的传播方式的不同，极易导致复合率的降低，而且界面容易出现过熔现象，很难达到技术要求的复合率和不平度而获得较高的焊接质量。人们迄今还不能完全从理论上预知铜铝材料的焊接参数所对应的结合强度等特性，只能首先预测出一个可焊的参数变化范围。同时，由于爆炸复合法以炸药为能源，因而其安全性受到人们的关注，而且厂区的选择也受到限制。爆炸复合法工艺过程如图2-1所示，图2-2为其速度关系图。

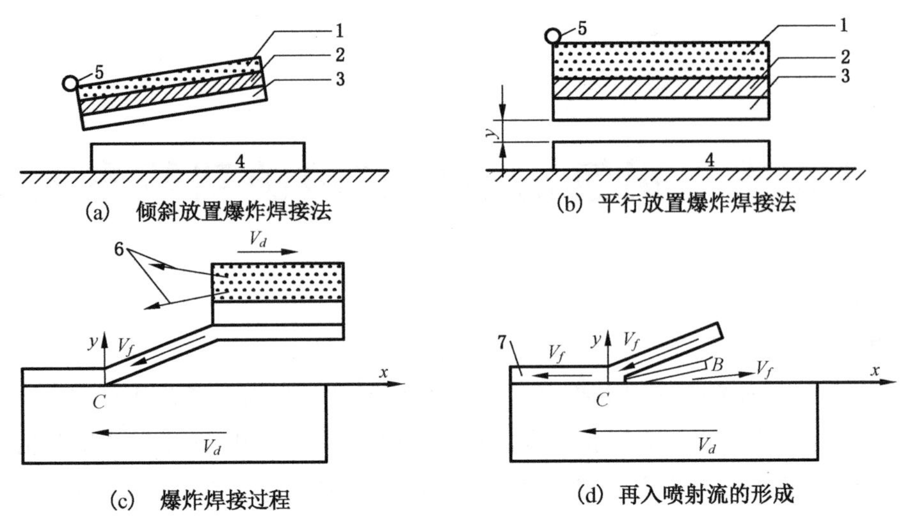

图 2-1 爆炸复合工艺示意图

1—炸药；2—缓冲层；3—悬置板材；4—基板；5—引爆器；6—爆轰产物；7—主体射流

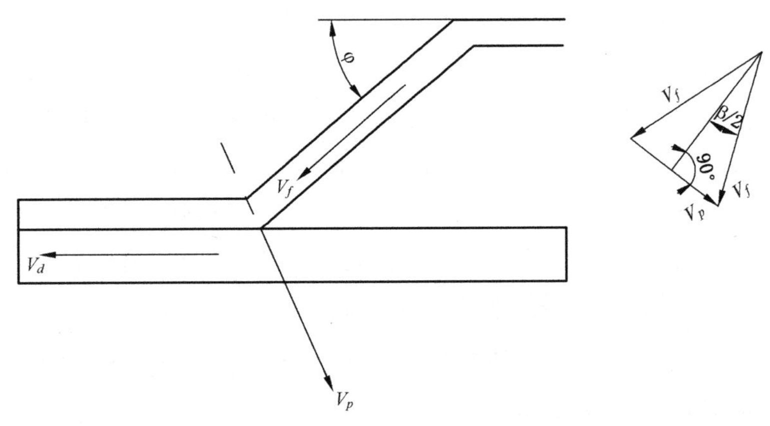

图 2-2 速度关系图

平板的高速斜碰撞是以炸药为能量获得的。图 2-1(a)和(b)为引爆前的结构，图 2-1(a)为倾斜放置复合法，图 2-1(b)为平行放置复合法，图 2-1(c)表示平行放置时的复合过程。炸药引爆后，自左向右以爆轰波速 V_d 传播，如控制得当，在距引爆端不远处，爆速即可达到稳定。复板在爆轰产物压力作用下以速度 V_p 向下飞行，V_p 的准确方向不易测定，一般假定它垂直于弯折角的平分线，如图 2-2 所示。随着爆轰的进行，碰撞点 C 也以速度 V_C 自左向右行进。在图 2-1(b)所示的复板平行放置情况下 $V_C=V_d$。如果把坐标系取在碰撞点 C 上，让它随同碰撞点 C 一起运动，那么对此坐标系来说，复板来流速度 V_f 和碰撞角 β 向碰撞点流来，V_f 或 V_p 的关系如

图 2-2 所示，满足如下关系式：

$$V_p = 2V_f \cdot \sin\frac{\beta}{2} \tag{2-1}$$

在平行放置时有：

$$V_p = 2V_d \cdot \sin\frac{\beta}{2} \tag{2-2}$$

在碰撞点 C 附近，由于高速斜碰撞将产生 104 GPa 量级的高压，该处金属受到很大的绝热剪切作用。塑性剪切功转变为热量，由热传导所耗散的热量只占很小一部分，其加热时间为微秒量级，因此碰撞点附近急剧聚积的能量造成温度的急剧升高，其升温速率达 $10^{8\sim 9}$ K/s。

2.2.2　爆炸复合法工艺过程

爆炸复合因其独特的加工方法及优点，自出现至今，国内外已进行了大量的理论和试验研究，尤其是在爆炸复合的力学研究、界面波形成机理、不同材料组合的复合工艺及复合界面微观组织结构分析方面做了大量的工作，但有关爆炸复合数值模拟方面的报道较少。由于爆炸复合过程的瞬时性和不可接触性，难以通过试验手段对复合过程进行详细分析研究，而借助数值模拟可以很好地再现复合过程，模拟各个过程参数，对比理论计算参量，验证实际工艺的可靠性，进而从中得出一些爆炸复合现象（如界面波和射流）的形成机理及复合准则。

铜铝爆炸复合已经较为广泛地应用到生产和科学技术中。通过对尺寸分别为 200 mm×200 mm×2 mm 的铝/铜板爆炸复合进行研究，发现随着爆速的增加，接触面的强度提高，所得铝/铜接触面在弯曲试验中没有一例发生破坏，且满足强度要求。铜铝爆炸复合实现了铜铝的无介质连接，结合区内存在金属的塑性变形和熔化，界面附近存在铜原子和铝原子的相互扩散，结合区发生了冶金过程。因此，铜铝爆炸复合板具有较高的结合强度。

利用 LS-DYNA 建立如图 2-3 所示的爆炸复合 SPH-2D 计算模型。装药选用尺寸为 30 mm×160 mm 的乳化炸药，其中玻璃微球的质量分数为 5%；基板和复板采用 Q235 钢，尺寸分别为 30 mm×16 mm 和 30 mm×2 mm，基板与复板的间隙为 4 mm；起爆方式为点起爆。爆炸复合过程中基—复板相互碰撞产生的射流厚度约为板厚的 2%～4%，而本计算模型中复板厚度为 2 mm，因此复板上产生的射流厚度为 40～80 μm。为了再现爆炸复合过程中的射流现象，将粒子的大小 Δr 取为 25 μm，采用 cm-g-μs 单位制。

图 2-3　计算模型

数值模拟得到 6.3 μs、9.3 μs、12.5 μs 和 14.1 μs 时复合板的变形情况，如图 2-4 所示。模拟结果再现了爆炸复合过程中的射流现象和边界效应(见图 2-4(d))，复板飞行姿态与饶常青通过实验和理论计算得到的复板飞行姿态一致。

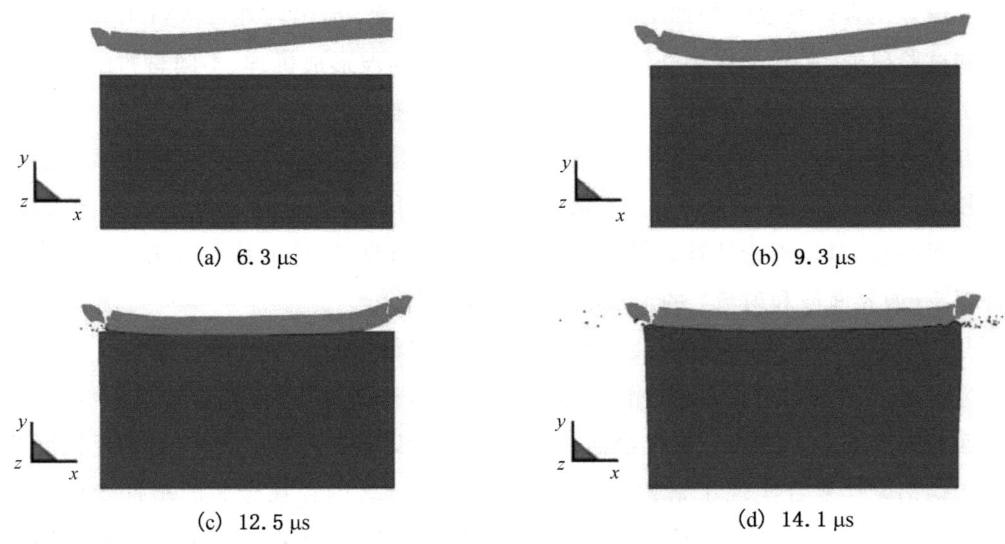

(a) 6.3 μs　(b) 9.3 μs　(c) 12.5 μs　(d) 14.1 μs

图 2-4　不同时刻爆炸复合过程中复板的飞行姿态

2.3　轧制复合法

轧制复合法是将两种表面洁净的金属板相互接触，通过轧机的压力使金属复合的方法，是生产复合板的一种较普遍的方法。其开发也相对较早，20 世纪 50 年代出现了热轧复合法，50 年代出现了冷轧复合法。目前热轧和冷轧都可以用来生产铜铝双金属复合板，原理均是利用轧制压力使两种金属变形延伸，通过金属接触界面氧化层和污染层的破坏使新鲜金属接触，并在轧制压力作用下产生结合。

热轧复合法是将增强体与基体材料结合在一起，然后加热到某一温度，热轧使之复合。冷轧复合近年发展较快，这种方法生产成本低，适合批量生产，且能生产较大长度和宽度的制品，但该方法的轧制工艺尚不成熟，往往需要后续处理，且轧制变形大，对轧机功率要求高，而且使用轧制复合法生产有一定厚度的铜铝复合板，很难实现四周包覆。轧制复合工艺流程如图 2-5 所示。

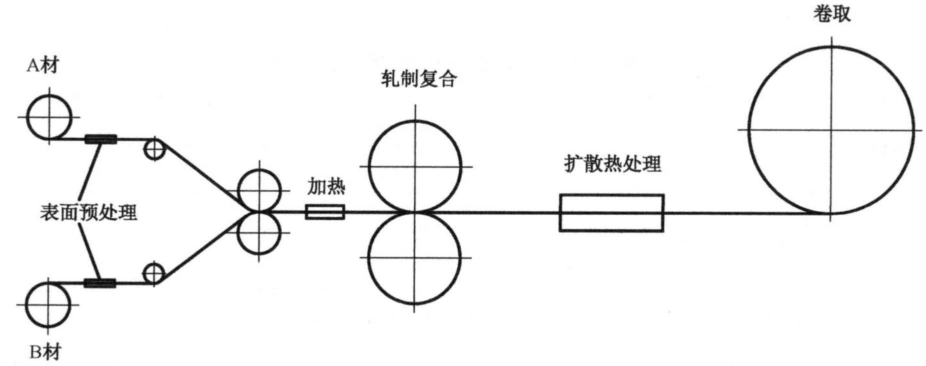

图 2-5　轧制复合工艺流程图

2.3.1　轧制复合法工艺特点

主要优势如下：能进行金属板材、管材、棒材的金属层状复合，成本低，产量高，工艺技术及装备较为成熟；作为一种材料复合技术，它易于实现大规模工业化生产，同时不存在像电镀等物理化学方法覆层所带来的环境污染问题。

主要缺点如下：轧制复合法属于典型的固相-固相结合形式，生产过程中无法避免原材料与空气接触氧化，完全靠轧辊与材料表面产生摩擦力经多道次往复轧制实现铜铝两种金属间的结合，属于机械式的冶金结合，铜铝原子间的结合主要靠范德华力，结合深度浅，属于微米级别，结合强度低且不稳定，容易出现不结合，可控性差。

2.3.2　轧制复合法实例分析

铜铝复合板冷轧时需达到大压下率才能实现良好复合，而压下率越大，轧机承受的载荷就越大，对设备承受能力的要求也越高，最终导致设备成本增加。此外，压下率过大容易导致复合板边部出现裂纹，降低成材率。如果能在总压下率相同的前提下，通过多道次小压下率进行轧制，使轧后复合板的结合性能达到与采用单道次轧制同等或者更好的复合效果，这样既可以降低设备成本，又可以提高产品成材率。

鉴于此，下文分别在总压下率为 60%、65%下对铜铝复合板进行单道次和两道次轧制,对实验得到的铜铝复合板的过渡层进行微观界面观察、界面能谱分析,并且结合剥离实验对界面结合强度进行测试。

2.3.2.1 实验材料与方案

实验材料为 200 mm×50 mm×2 mm 的纯铜板和 200 mm×50 mm×8 mm 的纯铝板,其主要的化学成分如表 2-1 所示。

表 2-1 铜板和铝板的化学成分(质量分数,wt.%)

铜板	Cu	Fe	As	Sb	Bi
	99.5	0.002	0.079	0.007	0.002
铝板	Al	Si	Cu	Mg	Zn
	99.5	0.025	0.05	0.05	0.07

实验前,用手持电动打磨机将铜板、铝板的待复合面打磨至磨砂状,去除待轧金属表面的氧化物和油污,然后将打磨好的面叠放在一起,置于钻床上钻孔,并用铝铆钉将头部和尾部铆接制成坯料,如图 2-6 所示。实验在等辊速等辊径双辊轧机(直径 320 mm×350 mm,轧制速度 0.1 m/s)上进行轧制。

实验分为两组,第一组实验总压下率为 60%,第二组为 65%,每组实验均进行单道次和两道次轧制。两种轧制方式的第 1 道次均采用冷轧,轧后板材进行退火处理,退火温度为 340 ℃,退火时间为 1 h;两道次轧制的第 2 道次轧制是将第 1 道次退火处理后的板材进行轧制,轧后空冷。具体轧制工艺参数如表 2-2 所示。

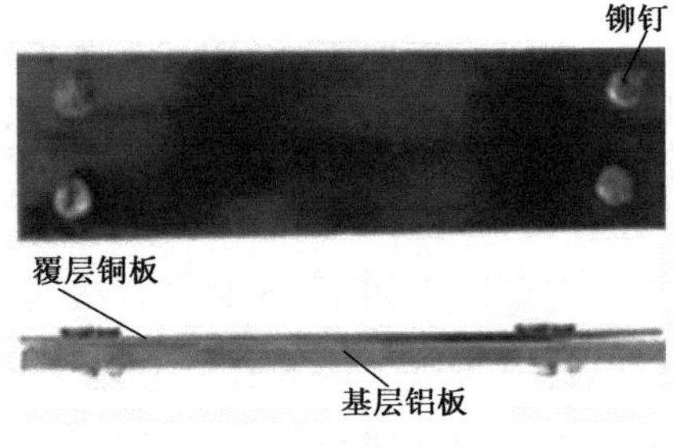

图 2-6 轧前坯料

表 2-2 轧制工艺参数

实验组数	总道次数	压下率/%	
		第 1 道次	第 2 道次
一	1	60	—
	2	55	11.1
二	1	65	—
	2	60	12.5

2.3.2.2　实验结果与分析

图 2-7 为不同工艺轧制后复合板过渡层的 SEM 图像。由图可知，在总压下率相同时，与单道次轧制相比，两道次轧制形成了更宽的过渡层。

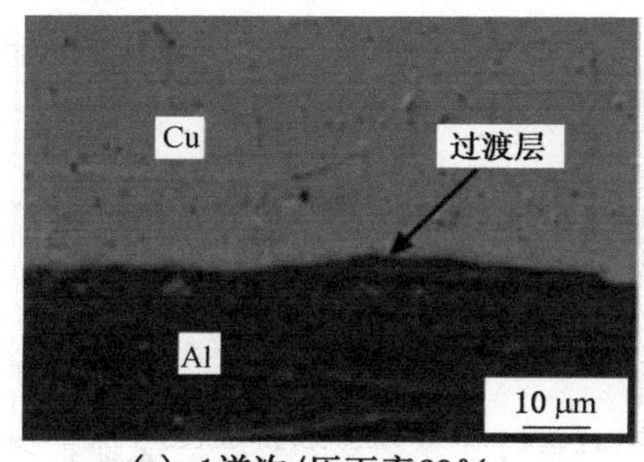

(a) 1道次/压下率60%

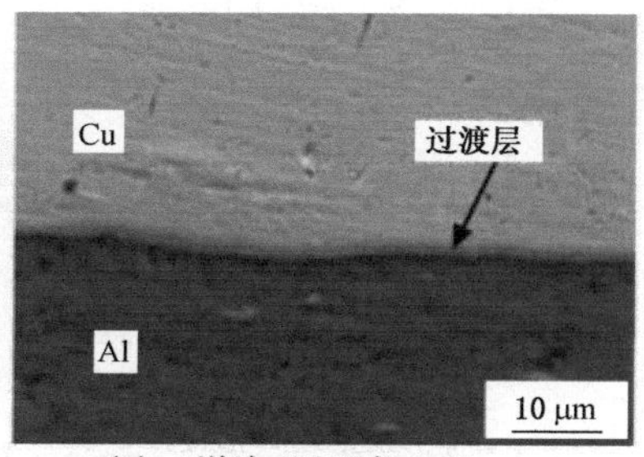

(b) 2道次/压下率60%

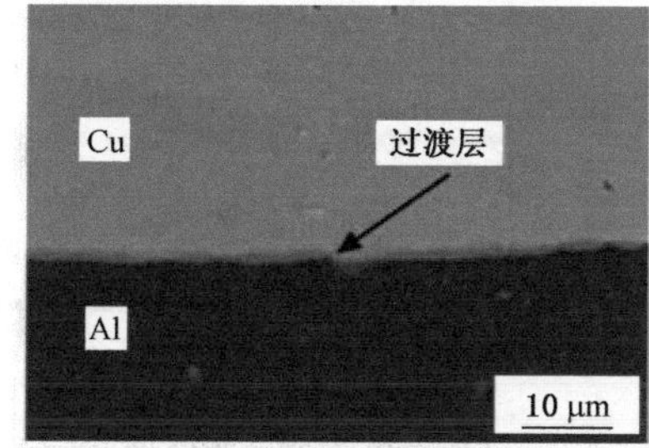

(c) 1道次/压下率65%

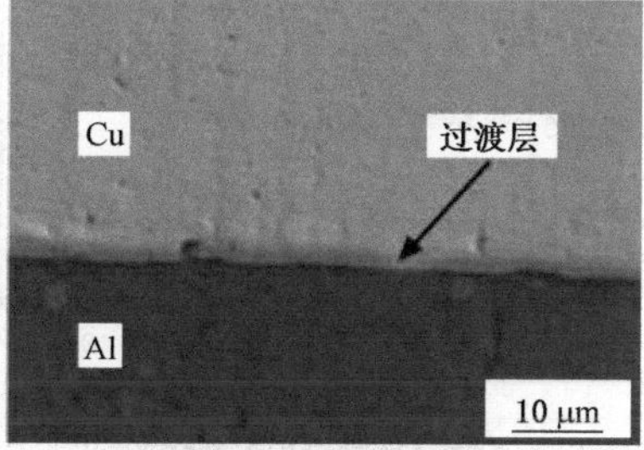

(d) 2道次/压下率65%

图 2-7　不同工艺轧制后复合板过渡层的 SEM 图像

图 2-8 为过渡层元素线扫描分布图。如图所示，铜、铝含量在两基体中存在最高值，随后下降至过渡层靠近对方基体位置的最低值。从图 2-8(a)、(c)可看出，60%、65%压下率下，铜铝复合板进行单道次轧制后过渡层的宽度分别约为 3.0 μm、3.1 μm。由图 2-8(b)、(d)可看出，60%、65%压下率下，两道次轧制后的过渡层宽度分别约为 3.7 μm、4.2 μm。60%、65%压下率下两种轧制方式形成的过渡层的宽度差分别为 0.7 μm、1.1 μm。

60%、65%压下率下，单道次轧制后复合板的过渡层宽度分别约为 3.0 μm、3.1 μm，两道次轧制后复合板的过渡层宽度分别约为 3.7 μm、4.2 μm。在相同压下率下，两道次轧制复合板的过渡层要比单道次轧制的宽。

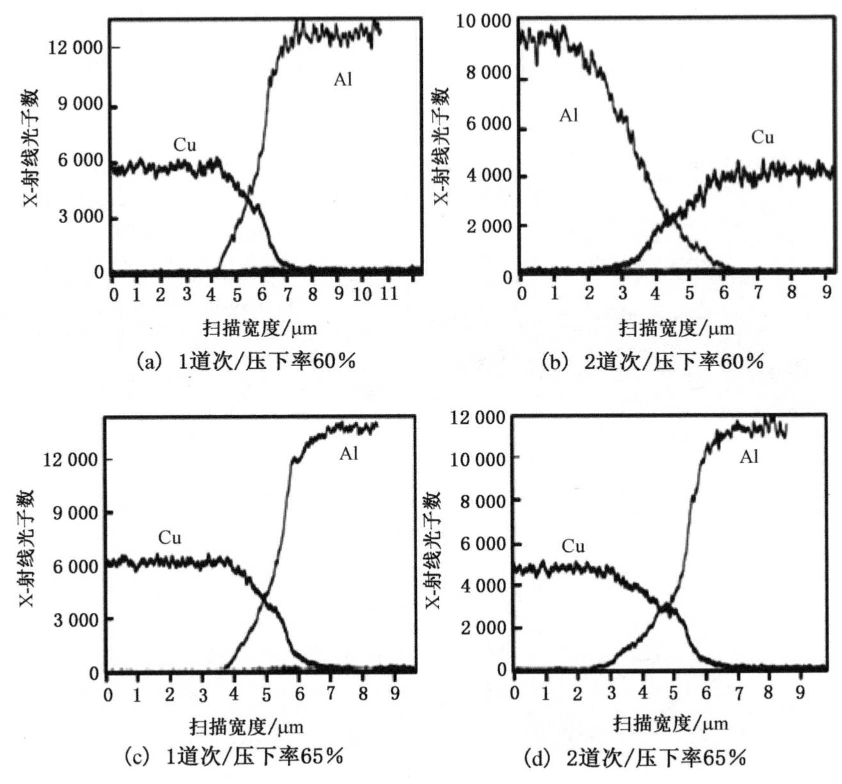

图 2-8　过渡层元素线扫描分布图

2.4　爆炸-轧制复合法

2.4.1　爆炸-轧制复合法工艺特点

爆炸复合法可以生产不同金属组合的层状复合板，但是，对于生产较薄和对表面要求较高的层状金属复合板则比较困难。轧制复合法虽然可以生产不同厚度和表面质量较高的层状复合扳，但是复合板的生产受到轧机轧制能力的限制。在综合这两种生产方法的优缺点后，可以采用爆炸＋轧制的方法，先用爆炸复合制备出较厚的复合板坯，再根据不同的要求，采用热轧或冷轧工艺轧制出所需厚度的复合板。一般来说，采用爆炸＋轧制复合的方法可以生产出 3 μm 以下的层状复合板。

爆炸复合＋轧制兼具爆炸复合法和轧制复合法生产的优点，提高了生产的灵活性，便于推广。其缺点是产量、生产率及成材率都比较低，而且产品质量较差，尺寸精度低，无法实现大规模、连续化生产。

2.4.2　爆炸-轧制复合法实例分析

2.4.2.1　实验材料

实验所用复合板的复层为钛钢 Gr1，所用复合板的基层为碳钢 Q235B。钛钢与钢板的尺寸分别为 8 mm×1 000 mm×1 200 mm 和 60 mm×1 000 mm×2 000 mm。爆炸复合法制备的钛钢复合板坯料如图 2-9 所示。

图 2-9　爆炸复合后复合板宏观形貌

从复合板的金相检验结果来看（见图 2-10），复合板界面呈现爆炸复合特有的波形界面，界面无分层、开裂和孔洞等缺陷，与宏观力学性能检测结果一致。上述检测结果表明：爆炸复合坯料的结合质量较好，满足轧制复合要求（剪切强度不得低于 240 MPa）。

图 2-10　爆炸复合坯料界面组织形貌

2.4.2.2　不同轧制工艺下复合板性能对比分析

采用如表 2-3 所示的轧制工艺对复合板进行轧制。对工艺 1 和工艺 2 条件下轧制的复合板进行微观组织分析,如图 2-11、图 2-12 所示。

表 2-3 轧制工艺条件

工艺编号	轧制工艺条件
工艺 1	开轧温度:900～850 ℃
工艺 2	开轧温度:850～800 ℃
工艺 3	开轧温度:800～750 ℃

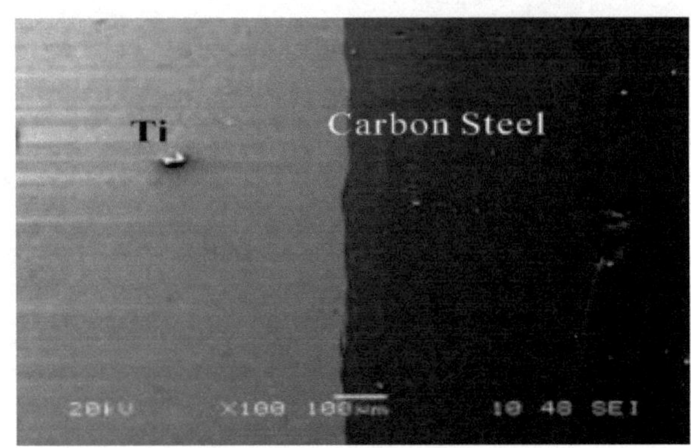

图 2-11 工艺 1 试样的界面微观组织

图 2-12 工艺 2 试样的界面微观组织

从图 2-11、图 2-12 中可以看出,两种工艺条件下,复合板界面形貌相似,均为平直界面,界面处无分离、孔洞和夹杂等缺陷。同时上述实验结果表明,虽然两种工艺下复合板界面相似,但是宏观拉剪强度差别较大,这可能是由于温度较高的条件下,界面处原子较活跃,原子扩散速度加快,导致界面处 TiC、FeTi 等脆性相增加,从而引起复合板界面强度降低。

用爆炸+轧制复合法制备的钛钢复合板幅面大,且生产成本较低,生产效率高。

然而,在实际生产制备过程中,采用爆炸复合+轧制工艺制备的钛钢复合板,轧制过程如果控制不当,将大大降低钛钢复合板的结合强度。

2.5 连续挤压法

连续挤压是 1972 年国际上提出的塑性加工新方法。该技术从提出到工业化应用历经了不断的完善、提高和应用领域扩展的过程。我国自 1984 年开始从国外引进设备,当时主要用于电冰箱铝管的生产。为了加快消化吸收的进程,将软铝连续挤压技术的研究列为“七五”国家重点科技攻关项目,由大连铁道学院等单位承担。该研究如期顺利完成,并获国家科技进步奖,在此基础上,大连铁道学院成立了连续挤压工程中心。在设备能力方面,从 250 单槽挤压发展到 350 双槽挤压和包覆;在所生产的产品种类方面,从单一材料发展到多种材料的复合,实现了直接包覆和间接包覆;在成形的金属材料方面,从铝、铜扩展到铝合金及铜合金,先后研制成功了 KLJ250、TLJ250、TLJ300、LLJ300、TLJ350、SLJB350 生产线,分别用于加工铝及合金的管材与型材、铝包钢丝、光纤护套、有线电视同轴电缆(CATV)、铁路通信信号电缆、电力机车铜合金接触导线、光纤复合架空地线(OPGW)、优质铜扁线、铜母线等产品,形成了完全国产化的连续挤压和连续包覆系列成套设备和具有自主产权的关键技术。目前为国内装备了 40 多条连续挤压和连续包覆生产线,并出口到我国香港、台湾和东南亚等国家和地区。依托技术、质量、价格和服务优势使进口设备逐渐退出我国市场,特别是新研制开发的铜扁线短流程连续挤压技术和成套设备,具有产品质量高、工艺简单、高效的特点。连续挤压的原理如图 2-13 所示,模腔位于挤压轮侧面,坯料在旋转挤压轮的带动下进入挤压腔内,在轮槽摩擦力的作用下,坯料温度升高压力加大,达到一定值后便从模孔中挤出,形成管材或型材产品。根据设备品种不同,坯料可以是一根,也可以是两根;根据坯料材料的不同,可以挤压铝、铜及其合金。此种工作方式主要用于生产冷柜、空调、汽车等制冷用管,异形截面型材及变压器、电机用铜电磁线等产品。连续包覆工作过程如图 2-14 所示,将模腔置于挤压轮上方,中间穿过一根芯线,铝杆经挤压后即可包覆在芯线外部。如果是金属芯线,铝料可以包覆在芯线外层,形成冶金结合,称为直接包覆,用于制造铝包钢丝等产品。如果是电缆或光纤等芯线,铝料可以挤压成管子空套在芯线上,保护芯线不被灼伤,然后迅速冷却,再经过拉拔后包套在芯线上,称为间接包覆,用于制造有线电视同轴电缆、铁路通信信号护套电缆等产品。

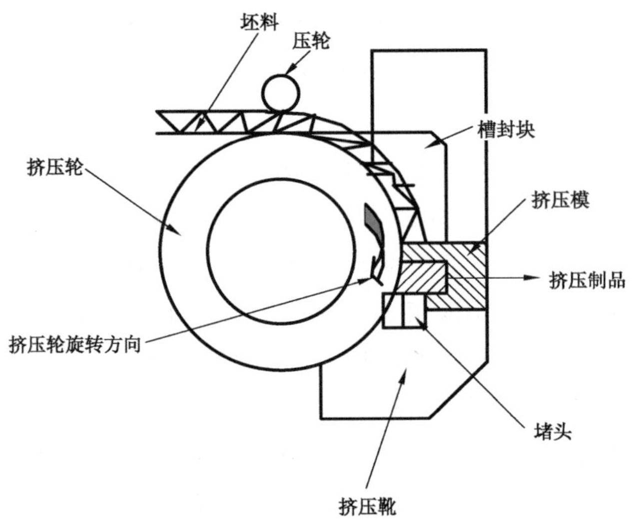

图 2-13　连续挤压原理图

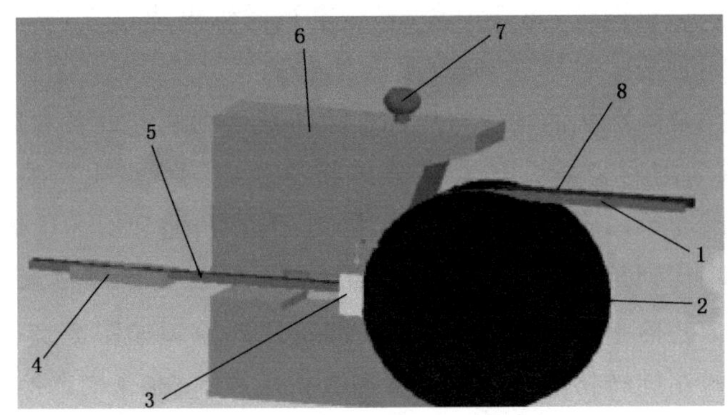

图 2-14　连续包覆工作过程原理图

1—铝杆；2—挤压轮；3—模具；4—冷却装置；5—挤出物；6—靴座；7—热电偶；8—铜杆

2.5.1　连续挤压法工艺特点

该方法与传统工艺相比具有如下优点：

(1) 一次成形为产品，大大简化了生产工序、缩短了生产周期；

(2) 无压余及工序间废料，材料利用率可达到 95%以上；

(3) 不需要加热设备，节约能源；

(4) 连续生产，无间隔时间，生产率高，自动化程度高；

(5) 可生产超大长度的产品，为制冷管的应用厂家自动化生产提供了基础；

(6) 投资少，占地面积小。

生产线的工艺流程如图 2-15 所示。两根连铸连轧的铝杆毛坯经放线、矫直、行星轮刷式表面清理、高压涡流清洗和干燥，保证铝杆毛坯达到要求的清洁度后喂入包覆主机。同时软芯线也从放线架放出，经过摆臂和矫直送入连续包覆主机。在主机作用下铝管就会包覆在芯线的外面形成有间隙的包套。但此时的温度较高，所以还需对铝管进行快速冷却，同时依靠必要的隔离措施保证芯线免于受压和烫伤。在经过冷却槽充分冷却后，绕过摆臂、通过拉拔站缩径、经过产品清洗除去表面的拉拔液，在履带牵引机的牵引下，最后经由计米装置，由收线机卷取成盘。

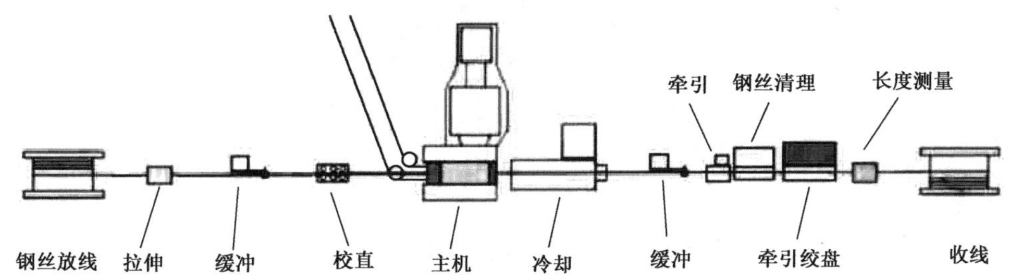

图 2-15　连续挤压包覆盖生产线的工艺流程

2.5.2　连续挤压法实例分析

为适应我国电气化铁路的发展，设计出一种采用连续挤压法生产的新型接触线——铜铝复合接触线(见图 2-16)。

铁路用铜铝复合接触线与其他双金属线材不同，它不仅是异型线，也是半包式结构，因此根据其生产工艺的特点，结合研究采用的 TLJ340 挤压机的结构，设计出的连续挤压铜铝复合接触线的模具结构如图 2-17 所示。铜线坯料横穿进口模，铝杆坯料在挤压轮的作用下进入模腔(进口模、出口模、靴座等构成的空间)，金属铝在挤压流动过程中与铜线坯料复合，经出口模流出。随铝杆坯与铜线坯不间断送入，铜铝复合接触线也就连续不断地制出。

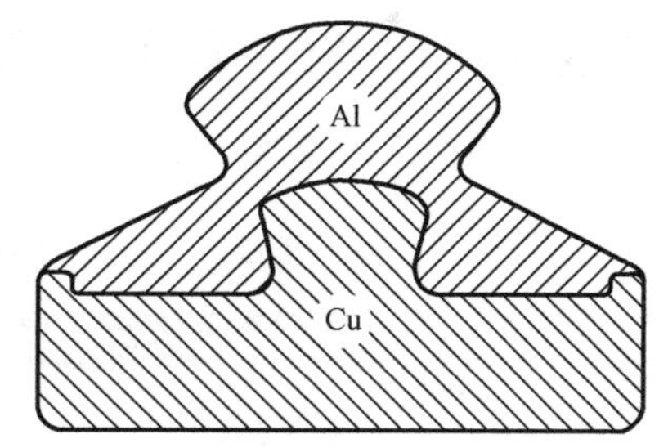

图 2-16　铜铝复合接触线产品示意图

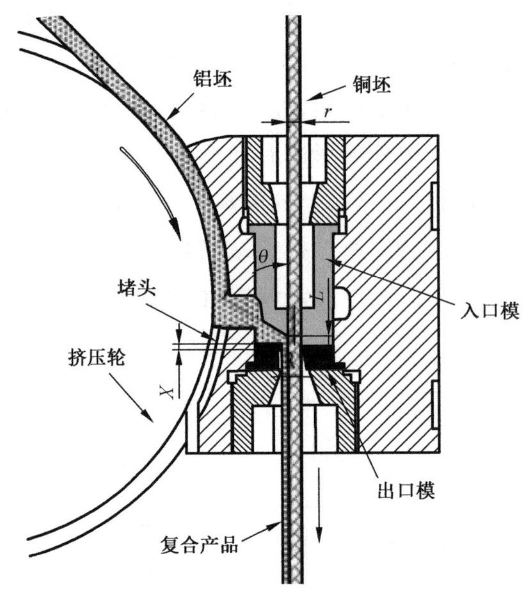

图 2-17　铜铝复合接触线挤压模示意图

2.5.2.1　有限元模型建立

在模拟过程中，假设坯料已经填满模腔，达到稳态挤压状态，参考现场测量数据，给定坯料初始温度 300 ℃，模具初始温度 400 ℃，未考虑坯料由室温到稳定状态时的升温。变形金属为铝杆，设为刚塑性体，材料选用 Al1100(150～550 ℃)；芯线金属为铜，设为刚塑性体，材料选用 CDA110(20～900 ℃)；模具设为刚性体。图 2-18 为连续挤压包覆数值模拟三维有限元模型。

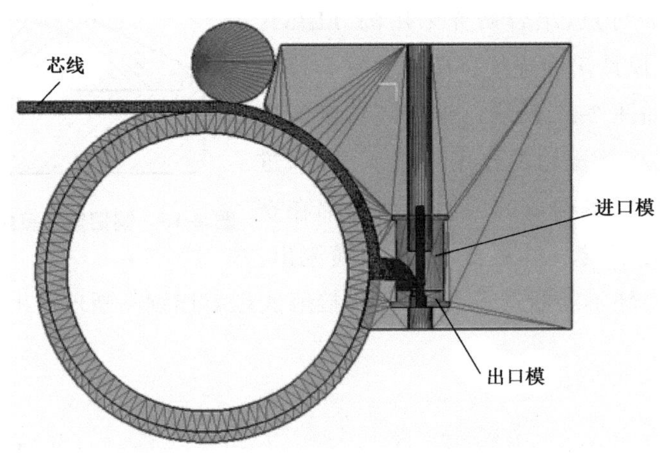

图 2-18　连续挤压包覆三维有限元模型

2.5.2.2 模拟结果及分析

1. 连续挤压过程中的金属流动分析

如图 2-19 所示为铝合金进入模腔后不同变形阶段流动速度的矢量分布图。

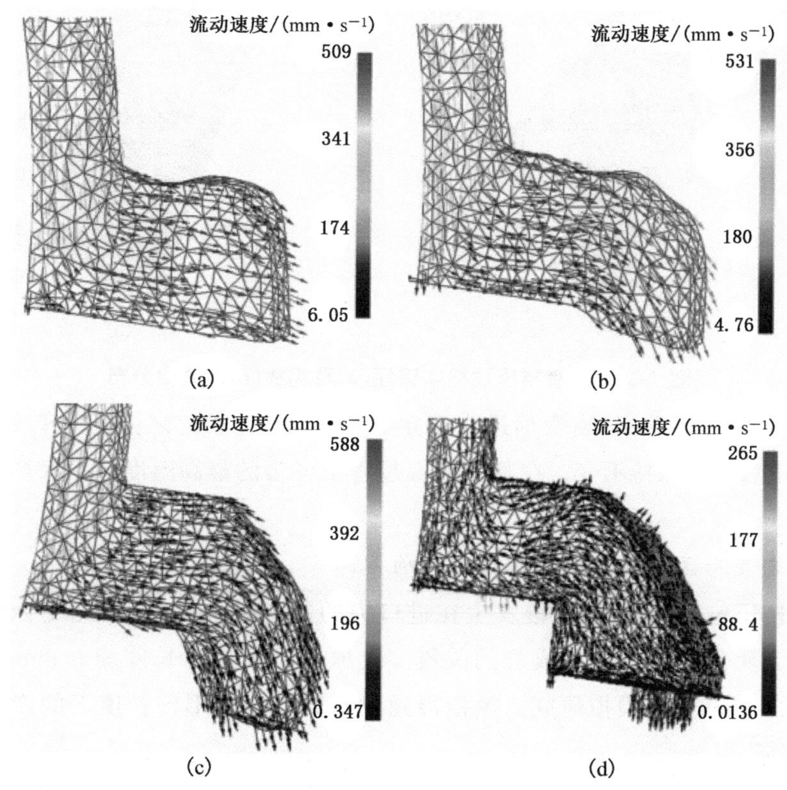

图 2-19 铝合金进入模腔后不同变形阶段流动速度的矢量分布图

2. 连续挤压过程中的温度分布

与常规的金属塑性成形工艺相比，连续挤压成形过程的一个突出特点为：在挤压轮的摩擦驱动作用下，金属变形体向前运动，在摩擦热和变形热的共同作用下，变形体的温度升高，同时变形体与模具进行着热交换。由此可知，在连续挤压的形变理论研究中，温度场的研究是一个很重要的工作。

建立的模型中温度参数的设置为：铝坯预热到 300 ℃；试验现场模具及腔体在稳定包覆阶段温度在 400 ℃附近，因此给定挤压轮和腔体的温度均为 400 ℃。连续挤压过程中铝坯及铜线的温度变化如图 2-20 所示。

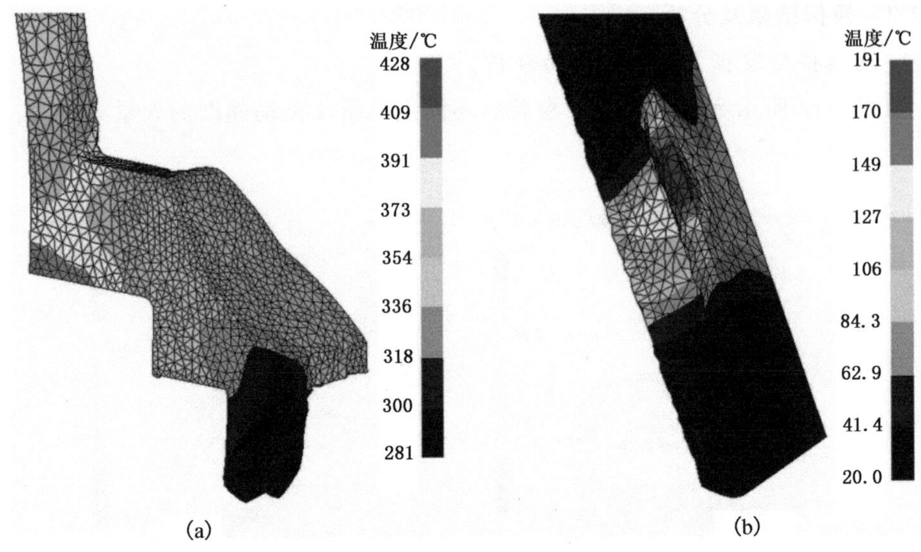

图 2-20　连续挤压过程中铝坯(a)及铜线(b)的温度分布

从图 2-20 可以看出，当变形进入稳定状态后，温度相对之前仍然有所升高，升高到一定值后基本保持不变。在整个模拟过程中各步的最高温度基本保持在 400 ℃左右。

3. 复合变形区长度对包覆质量的影响

连续挤压包覆过程中，包覆发生在进口模的复合变形区中，因此复合变形区的长度是铜铝复合接触线包覆成形的关键。选取复合变形区长度为 0 mm、3.5 mm、5 mm和 6.5 mm，进行模拟研究。模拟得到的不同复合变形区长度下的产品截面如图 2-21 所示。

可以看出，当复合变形区长度为 0 mm 时，铜铝挤出产品界面存在很大的缝隙，包覆失败(见图 2-21(a))。随着复合变形区长度的增加，铜铝界面的结合逐渐紧密，产品性能得到提升。综上可知，适当增加复合变形区长度有利于提高包覆产品的结合质量，但变形区长度过大会导致铜铝结合界面处的横向力太大，而向前的流动分力太小，阻碍铜铝包覆产品的顺利出模。在模拟试验中表现为：复合变形区长度越长，模拟消耗时间越长，并且越不易进行。因此，在实际生产过程中，选择合适的变形区长度是控制产品质量的关键。

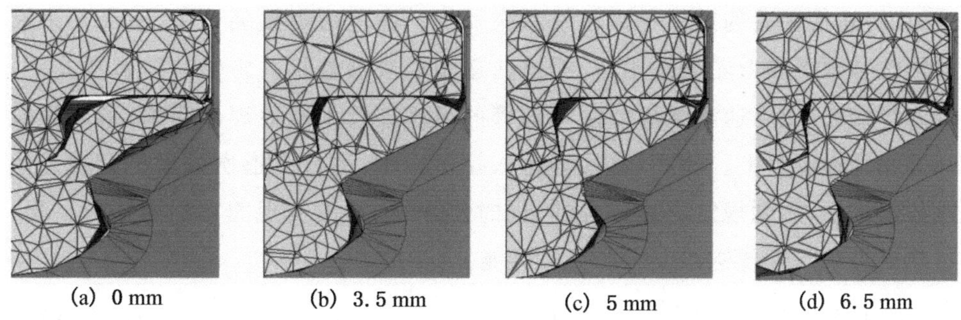
(a) 0 mm　(b) 3.5 mm　(c) 5 mm　(d) 6.5 mm

图 2-21　不同复合变形区长度下产品的截面

2.5.2.3　试验结果

基于有限元模拟结果，对铜铝包覆复合线的连续挤压包覆成形进行了试验研究，图 2-22 为试验所得的产品截面图。结果表明，当复合变形区长度为 0 mm 时，产品顺利挤出，但结合界面较差；而当复合变形区长度为 3.5 mm 和 5 mm 时，产品均能顺利挤出，同时铜铝界面均有良好的结合强度。

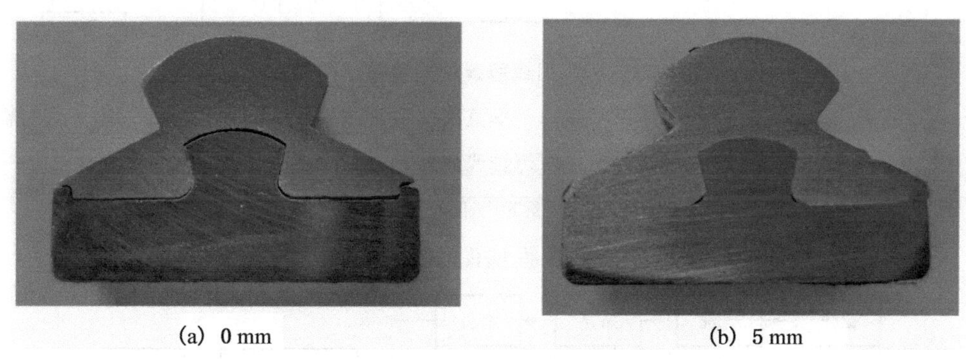
(a) 0 mm　(b) 5 mm

图 2-22　不同复合变形区长度试验产品界面质量对比

2.6　包覆焊接法

自 1956 年美国 MetalsControls 公司提出固相结合法制造双金属线材以来，已有双带挤压法、静液挤压法、浸渍法和电镀法等多种工艺被先后开发，且已被许多国家成功应用于工业生产中。国内自 20 世纪 90 年代末开始进行包覆盖焊接法生产铜包铝线的科研攻关，加工工艺现已基本成熟，达到批量生产能力，可完全替代进口产品。

如图 2-23 所示为铜包铝线包覆焊接装置结构简图。为了使铜层和铝芯线在拉拔过程中能形成冶金结合，首先应对原材料（铜带和铝芯线）进行彻底的焊前处理，除去表面的油脂和氧化层，然后将铜带和铝芯线同时送入复合箱，处于惰性气体保护中，以防止清理后的铜带和铝芯线再次氧化。在包覆焊接装置中，铜带在多对垂直成形轮和水平成形轮的作用下，沿纵向逐步形成圆管状并将铝芯线包覆其中，然后进入焊接区，用高速氩弧焊方法将圆管的纵缝连续不断地焊接起来，形成铜包铝线坯并缠绕在卷盘上。随后，将线坯送入拉丝机中，进行多道次拉丝模拉拔。线坯在拉拔过程中，达到规定直径的导线，同时使铜、铝界面实现固相冶金结合。最后，通过热处理赋予铜包铝线所需的力学性能。

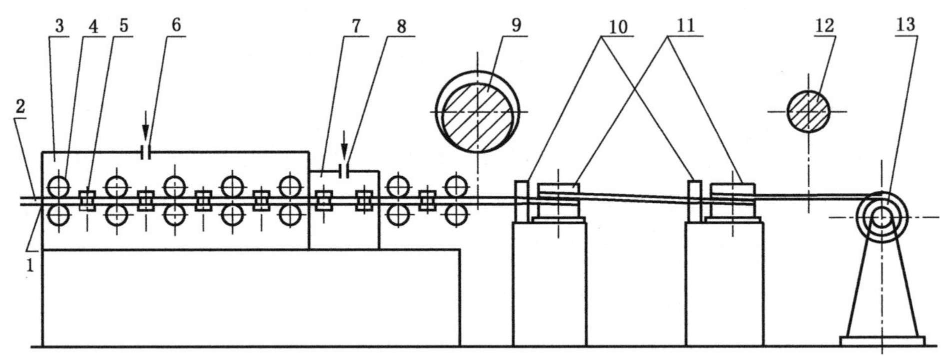

图 2-23　铜包铝线包覆焊接装置结构简图

1—铜带；2—钢芯线；3—惰性气体保护膜；4—垂直滚动辊轮；5—水平滚动辊轮；6—氩气入口嘴；7—焊接区；8—氩弧焊焊炬；9—包覆焊接线坯断面；10—拉丝模；11—拉丝机卷盘；12—初次拉拔后线坯断面图；13—线坯收线滚筒

包覆焊接法铜包铝线生产工艺流程如图 2-24 所示。

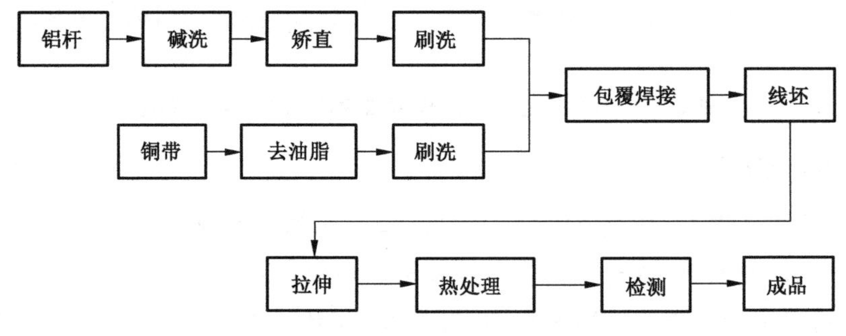

图 2-24　铜包铝线生产工艺流程

2.6.1　包覆焊接法工艺特点

(1) 包覆焊接工艺，实现了铜包铝线的连续生产，为批量规模化发展奠定工艺基础，彻底解决了套管冷拉法和静液挤压法不能实现连续生产的局限性。

(2) 采用了铜带包覆铝杆、纵向连续焊接铜带的“包覆焊接方法”以及通过一定的加热和拉拔工艺，使铜带和铝杆表面实现两种金属固相结合的焊接方法，从而实现双金属复合线材的制造。包覆焊接铜包铝线方法克服了“铝线镀铜法”的铜层成分不纯及铜铝界面结合强度较低的缺点，彻底消除了电镀法对环境的污染。

(3) 研制完成的“生产铜包铝线的包覆焊接装置”，在惰性气体保护下，使铜带逐步形成圆管包覆在铝芯线周围，并将铜管纵缝连续不断地焊接起来。这种设备比国外使用的轧辊压接设备或静液挤压设备的造价低，并且操作简便，易实现规模化生产，因而大大降低了铜包铝线的生产成本。

(4) 在铜包铝线的热处理方面，研制了大型的真空充气退火炉，规范了热处理工艺参数，促进铜铝固相结合并保证双金属线材的退火质量，满足通信领域内超柔导线各项性能指标要求。

(5) 在检测方面，研制了先进的双金属在线检测装置，保证产品全部通过在线检测，产品出厂合格率达到 100%。

2.6.2　包覆焊接法实例分析

铜包铝线的复合坯形成(见图 2-25)过程是：前处理→铜带包覆铝杆→包覆焊接→线坯拉拔与热处理→成品。

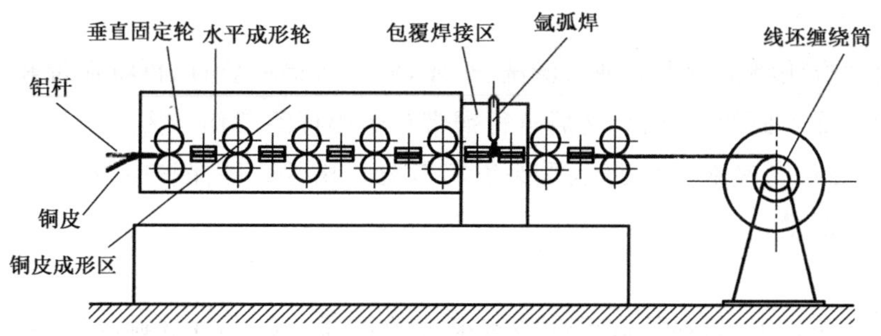

图 2-25　铜包铝线的复合坯形成过程示意图

在前处理过程中，先用碱性或酸性溶液去除铜带表面油污，再刷去铜带和铝杆表面的氧化物。之后通过数对成形辊，铜带在多对垂直成形辊和水平成形辊的作用下，沿纵向逐步形成圆管状并将铜带包覆在铝杆周围。采用高速氩弧焊方法将铜管的纵缝连续不断地焊接起来。焊接完成后，为防止空气进入铜管与铝芯线的空隙中而影响两者界面的冶金结合，在包覆焊接装置之后再装了两对成形辊，使铜带与铝芯线表面在焊后立即贴紧密合在一起，从而形成复合坯。对复合坯进行多次拉拔使直径减小，以达到要求的尺寸，每次变形量在 10%～20%范围内。由于拉拔变形会使金属变硬，因此在每次的拉拔过程中要经过退火，以提高塑性，并促进铜和铝更好地固相结合。最后通过最终的退火热处理，赋予其所需的力学和电气性能。

高速氩弧焊是包覆焊接生产铜包铝的关键部分，也关系到成品合格与否。但是高速氩弧焊前的铜带的变形包覆工作也同样重要，良好的变形使铜带能更好地贴近铝杆，包覆的间隙更小从而为高速氩弧焊提供更好的焊接条件，使以后的拉拔处理能更好地实现固相结合。而不合格的变形后，可能会出现起皱、破裂、回弹等缺陷，从而影响产品的质量。铜包铝的铜带为紫铜带，其性能、尺寸公差及表面质量要求如表 2-4 所示。

表 2-4 铜包铝的紫铜带的质量要求

性能要求	$\delta \geqslant 35\%$ $\sigma_b \leqslant 250$ MPa $\sigma \geqslant 35\%$ HV≤63 IACS≥97%
尺寸公差	厚度：(0.36～0.38)±0.01 mm
表面质量	不能有氧化变色，残留水迹、油迹等

铜带逐步形成圆管状的工艺过程包含有弹、塑性变形、铜带与模具摩擦磨损、摩擦生热等多个物理过程。所有这些过程中，最重要的是弹、塑性变形，与这个过程紧密相关的有：模具与铜带接触摩擦过程，模具和铜带运动过程。影响其成形的因素有很多，仅对以下几方面进行分析：

1. 表面清理

用化学方法将铜带上的油污清洗、干燥，同时将铝杆矫直，再将铜带和铝杆分别通过铜刷去除表面的氧化物，之后进行铜带包覆铝杆的工作。为了防止铜铝表面再次被氧化，在用高速氩弧焊进行焊接前，将其处于惰性气体保护中，从而提高了双金属固相结合质量。

2. 温度

在升温条件下，材料的成形性能有很大的提高。温度对材料成形性能有影响，高温可以使载荷较在室温条件下有很大变化，在高温条件下，可通过较小的载荷和较快的速度成形。另一方面，铜在室温大气中会发生缓慢氧化，温度升高到 100 ℃时，表面形成黑色 CuO，氧化速度与时间的对数成正比；当温度继续升高，开始形成 Cu_2O，氧化速度显著提高。合理的温度在铜带的成形中起到一定的作用，在制定成形工艺参数时应考虑周全。

3. 摩擦

摩擦可以影响金属的流动，改变应力应变分布，从而影响金属成形性能。摩擦力的大小与接触面积间的法向载荷成正比，与接触物体间的名义接触面积大小无关，在实践中，铜带与成形辊的接触面积很小，摩擦力主要取决于材料的机械性能。

当铜带在成形辊下变形时，成形辊与铜带的接触面的摩擦力随外力增大而增大。摩擦力的增大使转换成的热能也相应地增加，从而使温度升高，以致于在铜的变形过程中存在出现大量变形热和摩擦热的现象。因此，有效合理地控制摩擦力带来的负面影响至关重要。

4. 变形速度

通过数对成形辊数次轧压将铜带逐步成形为圆管状，从而使铜带能包覆在铝杆周围，铜带的变形速度对生产效率有着重要影响，同时又关系到产品的质量。

在实际生产过程中，空气的湿度、模具的间隙、模具的润滑等对铜带的成形也会有不同程度的影响。

2.7　挤压拉拔-轧制复合法

挤压拉拔复合法主要用于生产双金属的管、棒、线材及简单断面的裂材。但是对于生产宽度比较窄的铜铝双金属复合板，挤压拉拔-轧制复合法是一种非常合适的复合方法。首先，铜铝这两种金属的材质都比较软，容易实现挤压拉拔；其次，拉拔的工艺比较简单，对设备要求也不高，最为重要的是此方法能很轻松地实现铝芯的四面都包覆上铜。其方法是：将要复合的铜、铝金属表面清理后组装成挤压拉拔坯，然后在适当温度和挤压拉拔比下进行挤压拉拔，在拉压力作用下使金属紧密接触并实现复合。通常进行挤压拉拔得到的铜铝复合品是棒材，只需把挤压拉拔得到的棒材复合品再按一定的压下率进行轧制，便可以得到所需要的铜铝复合板。此方法特别适用于生产连续的长方形与矩形断面的复合型材，但是宽度一般都会有所限制。挤压拉拔复合工艺如图 2-26 所示。

2.8　焊接法

铜铝复合接头的生产主要是采用焊接方法，同样，焊接法也可以用来生产铜铝复合板，其机理基本上相同，在铜铝复合接头章节已有比较详细的叙述。但焊接法不适合大批量生产，而且生产较大长度和宽度的铜铝制品非常困难。焊接法主要包括冷压焊、摩擦焊、扩散焊、电阻焊、电子束焊、钎焊等类型，下文对生产复合板的常用焊接方法进行介绍。

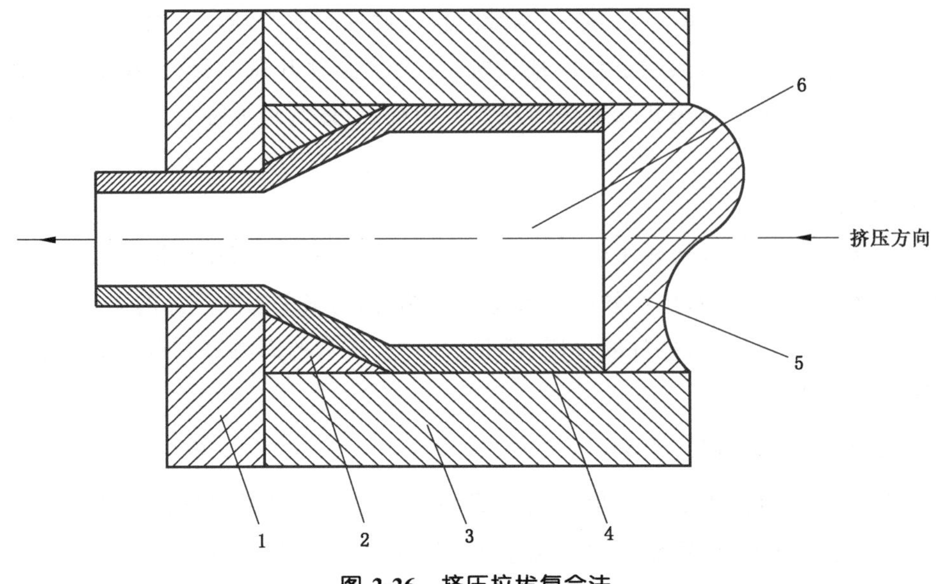

图 2-26 挤压拉拔复合法

1—模具;2—滑块;3—挤压缸;4—包覆层;5—压头;6—芯材

2.8.1 扩散焊接法工艺特点

扩散焊接法是将被焊工件紧压在一起,置于真空或保护气氛中加热,使两焊件表面微观凸凹不平处产生塑性变形达到紧密接触,再经保温、原子相互扩散而形成牢固的冶金连接的一种焊接方法,它又分为无助剂自扩散焊接、无助剂异扩散焊接、有助剂扩散焊接、过渡液相焊接、相变超塑性扩散焊接等。此方法可对性能和尺寸相差悬殊的材料实行焊接。扩散焊接工艺的原理如图 2-27 所示。

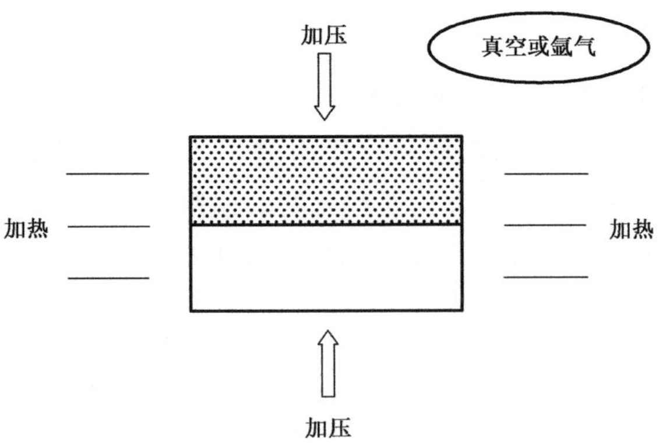

图 2-27 扩散焊接的原理

2.8.2　搅拌摩擦焊工艺特点

搅拌摩擦焊是一种固相连接方法，具有优质、高效、无污染、焊接变形小等特点，在异种材料连接方面有独特优势。焊接过程中金属不发生熔化，从而能够避免产生气孔、裂纹等缺陷；通过调节焊接参数，可以减少焊缝中金属间化合物的数量，获得连续、致密的接头组织。因此，对铝-铜异种材料的搅拌摩擦焊进行研究具有重要的理论意义和应用价值。

由于搅拌摩擦焊是一种非对称的焊接形式，前进侧和后退侧的温度不同。若将低熔点材料置于温度高的一侧，容易导致低熔点材料熔化，粘连在搅拌头轴肩根部，导致焊缝成形质量低下，一般是将铜置于铝的下侧。理论分析表明，通过调节搅拌针相对于配合面的偏移量可以改变焊缝中不同材料的比例，进而控制焊缝中的金属间化合物种类和数量，从而改善接头的性能。但具体偏向哪种材料，偏移多少为好，目前尚无定论。此外，有研究表明，在焊接过程中对铜侧进行 150～200 ℃的预热，焊缝的成形质量会有明显的提高。

在对接焊中，通过调整材料的相对位置、搅拌针相对配合面的偏移量以及对铜侧进行预热等工艺措施，可以提高接头的质量。通过选择适当的工艺参数，能够可靠实现铝—铜搭接搅拌摩擦焊。

从图 2-28 中可以看出，搭接接头硬度最低值一般也出现在热影响区中。尽管铝侧的焊核区形成了细小、等轴的再结晶晶粒，但其硬度还是低于铝母材；而铜侧的焊核区中由于存在金属间化合物，因此硬度较铜母材高。

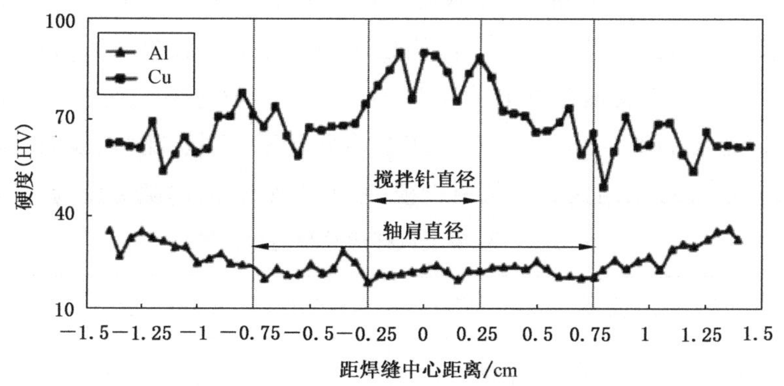

图 2-28　铝-铜搭接接头截面硬度分布

综上所述，铝-铜搅拌摩擦焊接头由于缺陷和硬脆金属间化合物的存在，导致强度、断后伸长率均与母材有较大差距。同时，金属间化合物的存在也加大了接头硬度分布的波动，但接头硬度的最低值仍然出现在热影响区中。

2.8.3 磁脉冲焊接工艺特点

磁脉冲焊接作为一种新型的固相连接技术,近年来引起越来越广泛的关注。这种工艺能够在常温条件下实现连接,焊接过程无烟尘、飞溅和电磁辐射,形成的构件装配精度高,气密性、耐腐蚀性好,接头强度比较弱母材高,对于异种金属焊接具有良好的适配性,是一种绿色环保的连接工艺。

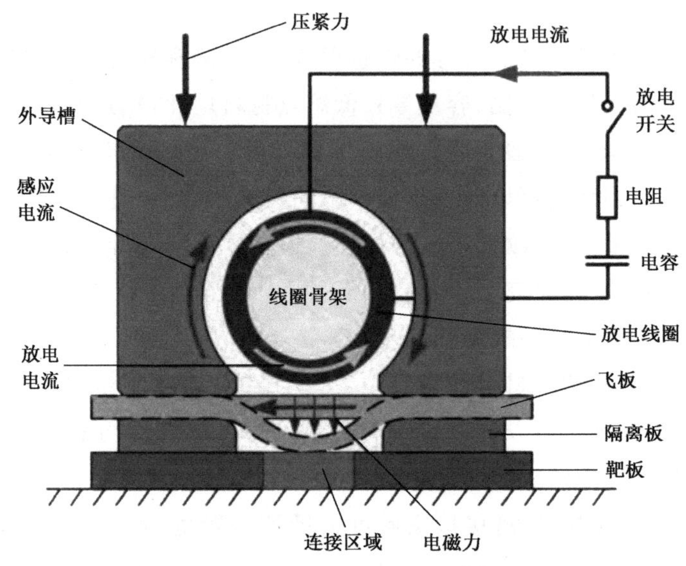

图 2-29 外导槽式磁脉冲焊接原理

试验材料为 5052 铝板和 T2 紫铜板,其中 5052 铝板作为飞板,T2 紫铜板作为靶板,铝板和铜板的试样尺寸及力学性能如表 2-5 所示。试验采用的是 EMF50/20 型磁脉冲连接设备,设备额定放电能量为 50 kJ,额定放电电压为 20 kV,电容值为 250 gF。试验工装如图 2-30 所示,整个工装由外导槽、飞板、靶板、线圈、隔离板和压紧装置组成。隔离板采用的是环氧树脂板,厚度为 2 mm,间隙宽度为 15 mm。

表 2-5 铝-铜板试样尺寸及力学性能

材料	长度/mm	宽度/mm	厚度/mm	屈服强度/MPa	抗拉强度/MPa	熔点/℃
T2 紫铜	105	50	2	255	337	1 083
5052 铝	105	50	1	145	191	660

图 2-30　试验工装

磁脉冲焊接试验前,撕掉包覆在铝板外面的薄膜,用酒精清洗铝板、铜板待连接区域以及铝板和外导槽连接部分的油污。试验后,利用万能拉伸试验机测试连接件的焊接强度,扫描电镜观察界面的连接情况,EDS 设备表征界面元素分布情况,显微硬度计测试连接界面区域的显微硬度。

图 2-31 是不同热处理温度下 T2 紫铜板与 5052 铝板磁脉冲焊接接头界面形貌及其局部放大图。

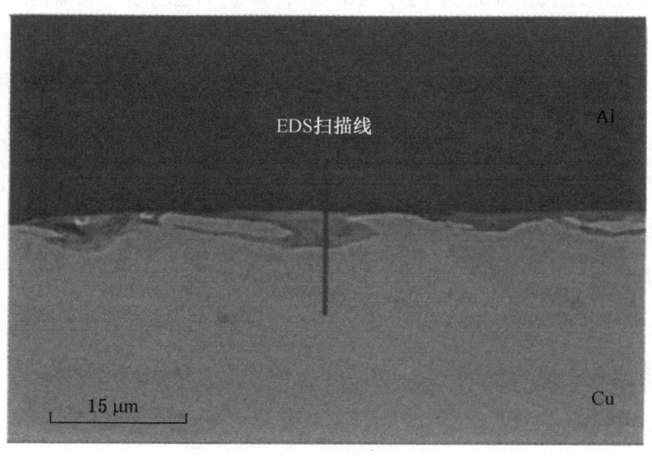

图 2-31　焊接界面形貌

形成的各个样品的显微硬度值如图 2-32 所示。从图 2-32 可以看出焊缝处的显微硬度值总是比两侧母材的硬度值高，远离焊缝硬度值保持稳定，无热处理的铜母材与铝板形成的焊缝界面硬度最高。无过渡区焊缝处由于铝板和铜板在高速碰撞下产生了加工硬化，所以硬度值比两侧母材高。过渡区中含有脆硬的金属间化合物，因此硬度值会比无过渡区的焊缝更高。

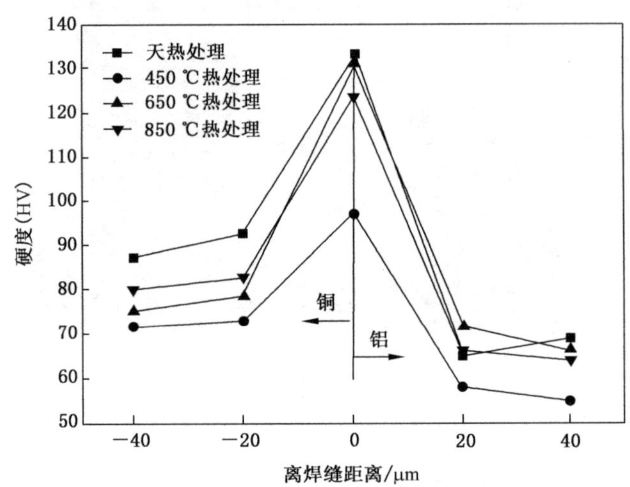

图 2-32　焊缝及焊缝两侧显微硬度

2.9　反向凝固法

2.9.1　反向凝固法工艺特点

反向凝固法是德国德马克公司于 1989 年研制开发的一种新型薄带连铸技术。它利用冷轧或热轧带作为母带，以一定的速度从凝固器内的金属液中穿过，金属液在母带表面凝固形成新生相。母带穿出凝固器金属液时，新相层和母带已牢固地结合在一起，形成一定厚度的复合铸带。在凝固器上方有一对平整辊，刚离开凝固器的铸带表面还处于半凝固状态，利用平整轧辊对铸带进行平整初轧，从而得到表面平整、厚度均匀的薄带，如图 2-33 所示。该方法工艺简单，产品质量高，利于环保，但是操作难度大。

反向凝固法制备复合板属于固-液相复合，所制备的复合板带有以下优点：①复合界面结合强度高；②可以实现连续化生产，成本低，竞争力强；③生产流程紧凑，能耗低；④可以生产厚度小于 1 mm 的层状金属复合板。

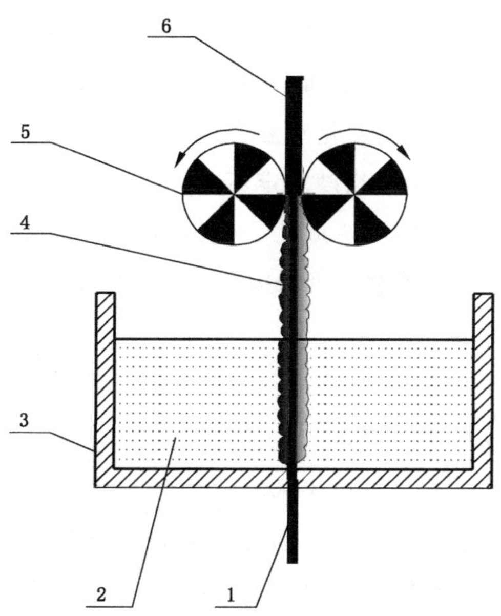

图 2-33 反向凝固法制备复合板工艺示意图

1—母带;2—复合金属液;3—反向凝固器;4—未轧平的钢带;5—铸轧辊;6—轧平后的钢带

2.9.2 反向凝固法实例分析

2.9.2.1 反向凝固法工艺过程

以市售的 08Al 钢带为母带,其宽度为 120 mm,厚度为 1.2 mm;复合层材料为 H90 黄铜,H90 合金液由反向凝固器的上端浇入,其生产设备示意图如图 2-34 所示。

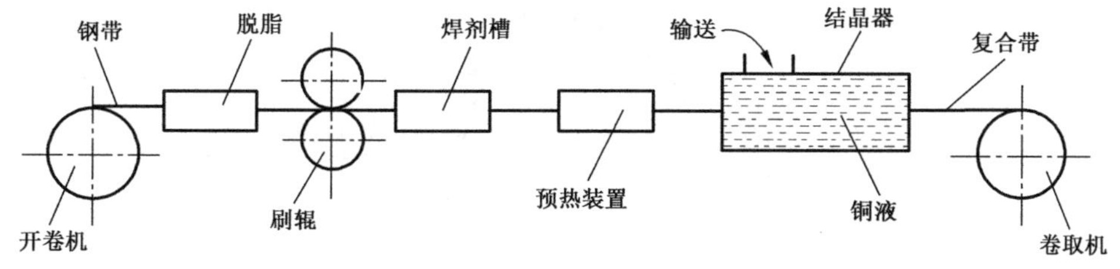

图 2-34 生产设备示意图

钢带经脱脂除油、打磨除锈、喷涂助焊剂和经超音频快速加热到一定温度后,以一定的速度通过 H90 合金液。钢带的表面预处理(除油、打磨和涂助焊剂)与反向凝固复合分开进行。为防止复合层 H90 合金氧化,在反向凝固器前端喷 Ar 气保护。H90 合金液的温度用 Pt-Rh 热电偶测量;钢带的温度用手持非接触式红外测温仪测量;复合层的厚度用 Leica MPS30 显微镜在放大 50 倍下测量,测量时在复合带的两边及中部分别取样,每个试样测量 3 个点,取平均值作为测量结果。由数值模拟结果可知,H90 合金液的温度变化对复合层的厚度及其开始凝固的时间影响不大,因此实验中将 H90 合金液的温度固定不变。参考 H90 合金的液相线温度并考虑到合金液的流动性,将其定为 1 100 ℃。钢带的预热温度参照浸渍复合实验结果分别定为 600 ℃和 800 ℃。调整钢带的运行速度以改变钢带与 H90 合金液的接触(复合)时间。

2.9.2.2 结果与分析

1. H90 复合层厚度的变化规律

图 2-35 所示为 H90 合金液温度 1 100 ℃,钢带预热温度分别为 600 ℃和 800 ℃时,复合时间对复合层厚度的影响。为便于比较,图中同时给出了相应条件下的数值模拟结果(连续曲线)。由图 2-35 可见,随着钢带在铜液中浸入时间的延长,凝固复合层的厚度变化经历了快速生长(变厚)、平衡相持(厚度基本不变)和迅速回熔(厚度变薄)三个有特征的阶段(超过第三阶段即进入通常所说的热浸镀阶段),钢带预热温度的高低只影响复合层开始凝固的时间 t_k、可获得的最大复合层厚度 h_{max} 以及复合层完全重熔所需要的时间 t,对复合层厚度变化的“三阶段”模式没有影响。

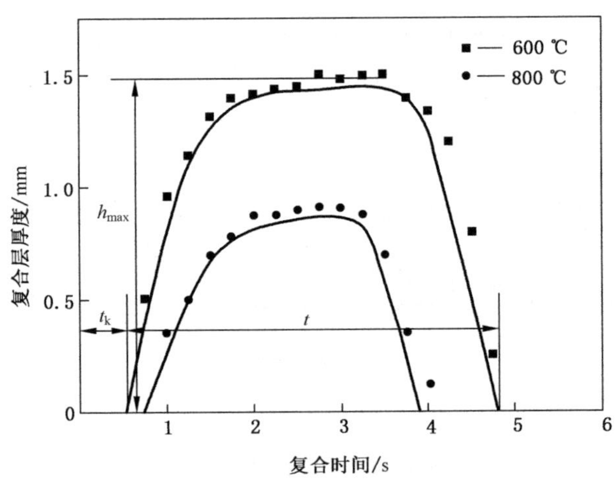

图 2-35 复合时间对复合层厚度的影响

2. H90 复合层的组织

如图 2-36 所示为 H90 合金液温度 1 100 ℃,钢带预热温度为 600 ℃,钢带运行速度为 1.8 m/min(复合时间为 3 s)时,H90 复合层组织的金相照片。从图中可以看出，复合界面规整、平直、无孔洞缺陷，证明复合界面结合良好。复合层的组织为等轴晶且晶粒的生长方向与复合界面成一定的角度。这是因为钢带较薄且预热温度较高，与 H90 合金液接触后瞬间即可达到较高的温度（模拟结果表明，钢带与铜液接触约 1.5 s 后，其温度就达 850 ℃），故凝固前沿的温度梯度较小，复合层的组织为等轴晶。同时，反向凝固复合时，复合层的结晶是在动态（钢带与铜合金液间有相对运动）条件下完成的，晶粒的生长不仅受热流方向的支配，同时也受钢带与铜合金液间相对运动速度的影响，因此，其晶粒生长方向与复合界面成一定角度。

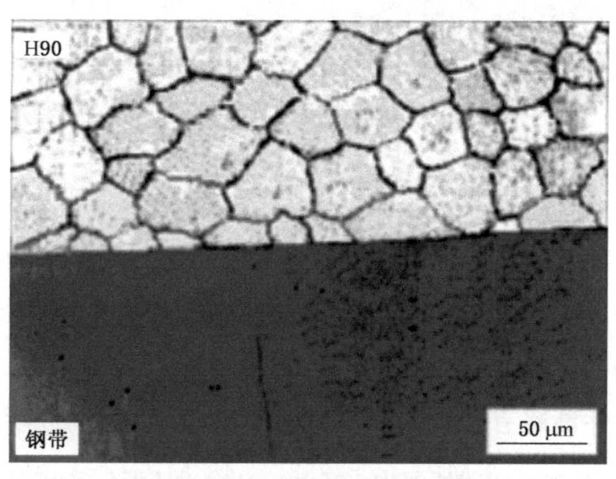

图 2-36　H90 复合层的组织照片

3. 界面结合强度

复合带的界面结合强度反映了钢带与复合层间结合的牢固程度，是判断复合带品质的重要指标。由于反向凝固时的复合层较薄，不能采用 GB 6396—1986 中复合板剪切强度的测试方法来测定结合强度，因而采用小变形量多道次冷轧和反复弯曲来间接衡量界面的结合强度。

将复合带送入轧机进行多道次冷轧，每道次的变形量约为 5%，观察复合带在多道次冷轧过程中是否有边裂、分层等现象发生。轧制实验表明，将厚度为 2.44 mm 的复合带（单面复合层厚度为 0.62 mm）经 10 道次冷轧到 1.21 mm（总变形量为 50.41%）时，复合带结合依然良好，没有边裂和分层现象发生。为了进一步检查复合界面是否有微裂纹产生，对复合界面进行了金相观察，如图 2-37 所示。从图中可以看出，冷轧后的复合界面平直、完整，无显微裂纹产生。

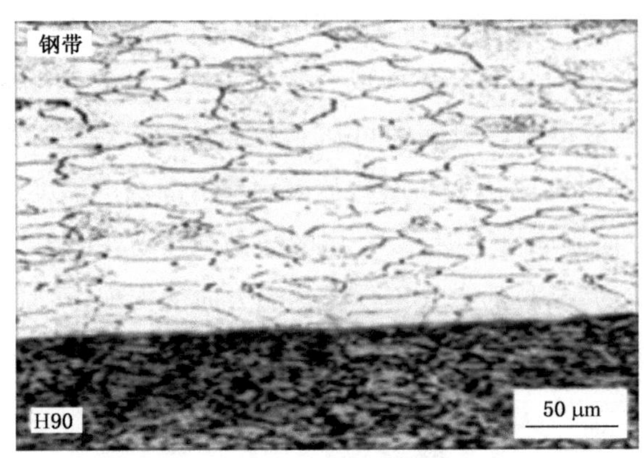

图 2-37　复合带冷轧后的组织照片

4. 复合带的力学性能

将具有不同复合层厚度的复合带按照 GB 228—1976 制成标准试样(试样的长度方向与钢带的纵向一致),在 Instron4206 型电动材力实验机上进行拉伸实验,测量复合带的屈服强度 σ_s、抗拉强度 σ_b 和伸长率 δ。测量时,每种复合层厚度的复合带取 3 个试样数据的平均值,结果如表 2-6 所示。由表 2-6 可见,尽管不同复合层厚度的复合带其力学性能略有差异,但均能达到 GB 5213—1985 所规定的 F 级深冲钢板的力学性能指标($\sigma_s \leqslant 216$ MPa;$\sigma_b = 255 \sim 343$ MPa;$\delta \geqslant 39\%$)。这表明,经反向凝固复合工艺所生产的复合带,不经任何后处理即可用于深冲成型。

表 2-6　复合带的力学性能

H90 复合层厚度/mm	钢带厚度/mm	σ_s/MPa	σ_b/MPa	δ/%
0.32	1.2	191	306	41.2
0.52	1.2	179	298	40.8
0.75	1.2	173	288	40.2
1.16	1.2	161	281	39.4

对于反向凝固复合工艺而言,欲实现界面的冶金结合,需有一定的液-固接触时间来实现界面的物理接触、接触表面的激活以及适当的扩散。若工艺参数控制不当,如钢带预热温度太低,则可能由于液-固接触时间太短而不能实现界面冶金结合。因此,在反向凝固复合工艺中应有最小液-固接触时间(t_k)的概念。对于液-固接触界面,只要液态金属能润湿固态金属表面,则界面的物理接触瞬间即可实现,实际中可忽略其完成的时间,但接触表面的激活过程却不是在瞬间内完成的,只有当表面层原子获得了足以克服相间能障的能量时才能实现。

2.10　铸轧复合法

2.10.1　铸轧复合法工艺特点

铸轧复合技术是将液态金属连续浇铸在基带上，使液态金属在半凝固状态与固态基带同时进入轧机进行加工变形，可以实现基材与复材良好的冶金结合。如利用铸轧技术生产出的铝不锈钢复合板，其复合界面结合强度高，复合板质量好，而且可以实现连续的规模化生产。为解决钢板表面氧化问题，提高钢板表面与铝液的浸润能力，在钢铝固-液相复合过程中采用了钢板表面涂助焊剂的工艺，如图 2-38 所示。

液态、半固态加工复合技术的开发研究反映了层状金属复合材料生产近终态、短流程化的特点，是当今复合技术发展的新方向。

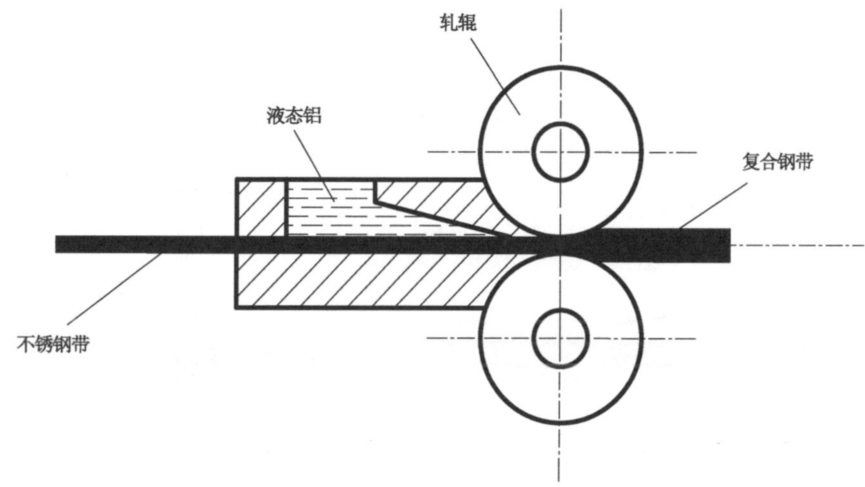

图 2-38　不锈钢铝固-液相铸轧复合

2.10.2　铸轧复合法实例分析

2.10.2.1　铸轧复合法工艺过程

图 2-39 为铜铝水平双辊铸轧复合过程示意图。图 2-40 为不同厚度铜铝复合板铸轧时的温度场分布和液相率场分布。保持铝层厚度为 8 mm，铜层厚度由 2 mm 减少到 1 mm 时，铸轧区出口位置温度升高，液穴深度比增大。当保持铜层厚度为 1 mm，铝层厚度由 8 mm 减少到 5 mm 时，铸轧区出口位置温度逐渐降低，液穴深度比减小。经计算，不同厚度的铜铝复合板铸轧时液态和半固态区占整个铸轧区面积比值依次为 15.9%、14.2%、12.5%和 15.4%，较大的液态和半固态区比例有助于铜铝原子的相互扩散，适当的液穴深度比能增加轧制力，提高机械咬合力，因此选择铜、铝厚度分别为 8 mm 和 2 mm 进行铸轧试验，并探索其复合机理。

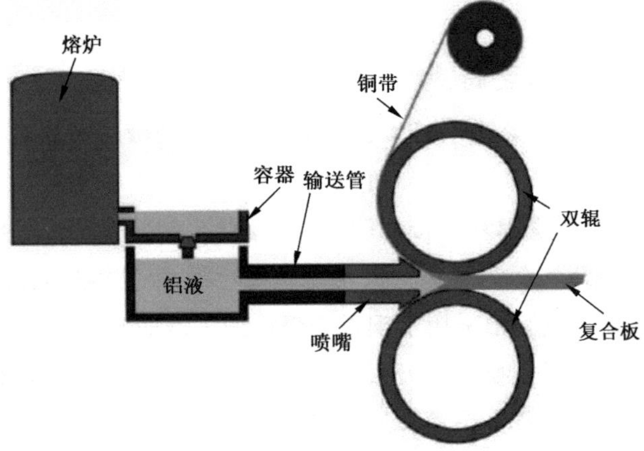

图 2-39　铜铝水平双辊铸轧复合过程示意图

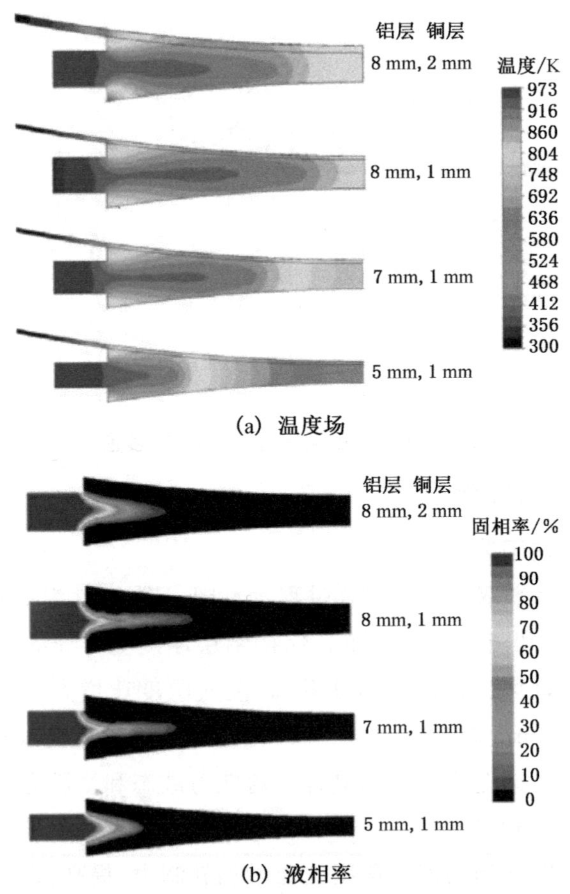

图 2-40　不同厚度铜铝复合板铸轧时的温度场分布和液相率场分布

2.10.2.2　复合机理分析

1. 复合板界面形貌及能谱分析

选择走坯速度为 0.5 m/min，浇注温度为 963 K，铜、铝厚度分别为 8 mm 和 2 mm 进行铸轧试验制备铜铝复合板。图 2-41 为复合板界面形貌及能谱分析。可以看出，界面层被分为两层，铜铝结合良好，在过渡层附近无明显孔洞和杂质缺陷。扩散过程中的柯肯达尔(Kirkendal)效应较弱，过渡层厚度约为 1 μm，其两边的铜、铝界线光滑，冶金结合状态良好，有利于后期的退火处理和机械加工。进行能谱分析时，在界面层及附近打 4 个测量点，具体排列位置及测量结果如图 2-41 所示。

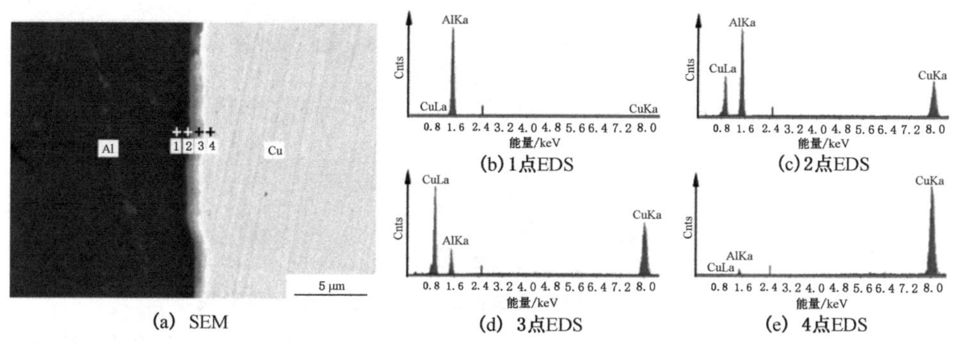

图 2-41　复合板界面形貌及能谱分析

为了对界面层进行深入的分析研究，对铜铝复合板的界面结构进行了透射分析，并对界面附近进行成分面扫描，如图 2-42 所示。透射样品采用原位聚焦离子束(FIB)技术进行制备。由图中可以看到，界面层的厚度：500～600 nm，厚度较为均匀，整体由两层晶粒层构成。

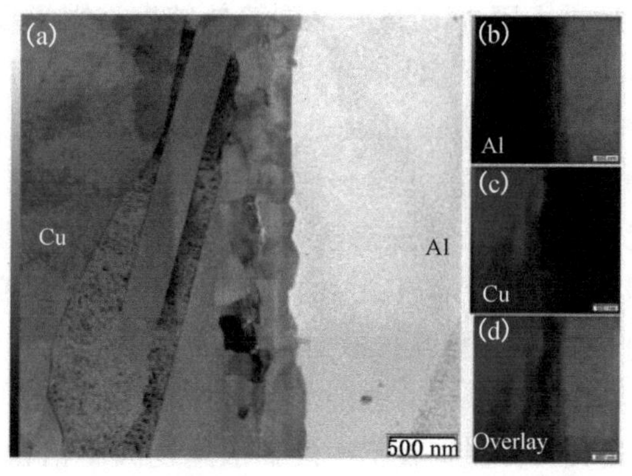

(a) 微观形貌；(b) Al成分分布；(c) Cu成分分布；(d) 叠加显示

图 2-42　亮场下铸轧态铜铝复合板界面透射微观形貌及元素成分分布

2. 界面物相判定及相界结合方式

采用透射电镜对界面特征区域进行衍射斑点分析，对界面的物相进行判定，如图 2-43 所示。在图中，衬度较暗的区域为铜基体，呈现出孪晶的特征，衬度较亮的区域为铝基体，其晶粒尺寸远大于界面化合物的晶粒尺寸。通过对特征区域衍射斑点的分析可知，靠近铝附近的化合物层为 Al_2Cu，而靠近铜侧的为 Al_4Cu_9，界面层成分的分布均匀，晶粒尺寸大部分在 500 nm 以内，具有一定的等轴晶特征。

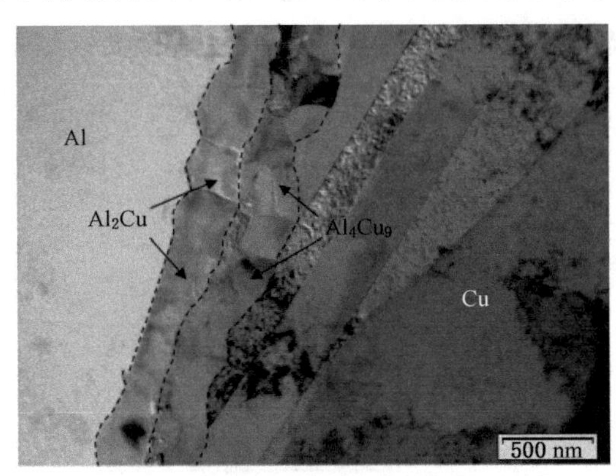

图 2-43　亮场下铸轧态铜铝复合板界面透射微观形貌

铜铝复合板在水平铸轧复合过程中，按照双金属的物态，界面经历固-液、固-液固和固-固三个阶段。当铝液开始接触到铜带时，铜铝处于固-液阶段，高温熔态铝接触铜带后，铜带迅速升温，由于此阶段铜铝速度存在差异，并且铝处于流体状态，因此不能形成稳定的界面层。随着铝液温度降低，双金属进入固-液固两相区。此时半熔态的铝流速逐渐降低，在铜的表面会由于铜铝原子间粘附作用形成不连续的固态铝，随着固液区中固相比例的增大，铜表面逐渐形成连续的铝并凝固，此时铜铝原子得到相互扩散。最后进入固-固阶段一直到铸轧结束。铜铝金属间化合物的形成应当在铜铝界面间形成稳定的扩散层后开始，随着固溶体达到过饱和，铜铝金属间化合物形核析出并生长，最终在铜铝界面处形成连续的 IMC 层，如图 2-44 所示。

对于两种化合物的生成顺序，大量研究表明 Al_2Cu 相最先生成，郭亚杰等人认为铜铝固溶体溶解度的差异性会造成铝侧固溶体最先饱和，因此 Al_2Cu 相最先在铝侧形核析出。针对铜铝复合板的铸轧过程，固-液固接触到结束，温度范围为 495～657 ℃，此时铜铝原子在高温下相互扩散(见图 2-44(a))。根据铜铝二元相图，在此温度范围内，铜在铝中固溶体(Al)溶解度小于 3%，而铝在铜中的固溶体(Cu)溶解度则高达 19%，相差较大。并且铜在铝中的扩散速度大于铝在铜中的扩散速度，因此在铝侧的铜最先达到过饱和，随着铜原子比例的增多，达到 Al_2Cu 的原子比例时，Al_2Cu 层最先形核生成。

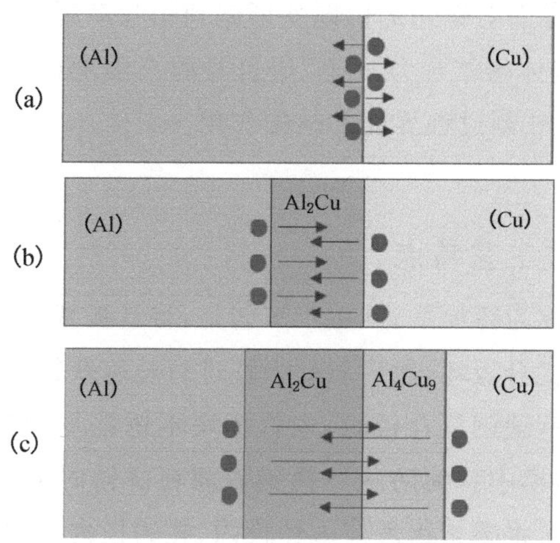

(a)扩散阶段；(b) Al_2Cu 形成；(c) Al_2Cu_9 形成

图 2-44 铜铝金属间化合物形成过程示意图

图 2-45 为轧制过程复合板界面结构演变的示意图。由示意图可知，经过轧制的界面层呈现铜铝直接接触区域和 IMC 层区域相互交替的特点，而且随着轧制加工率的增加，铜铝直接接触区域宽度增大，而 IMC 层宽度逐渐变小呈现颗粒状，其占界面层总长的比例也逐渐减小。

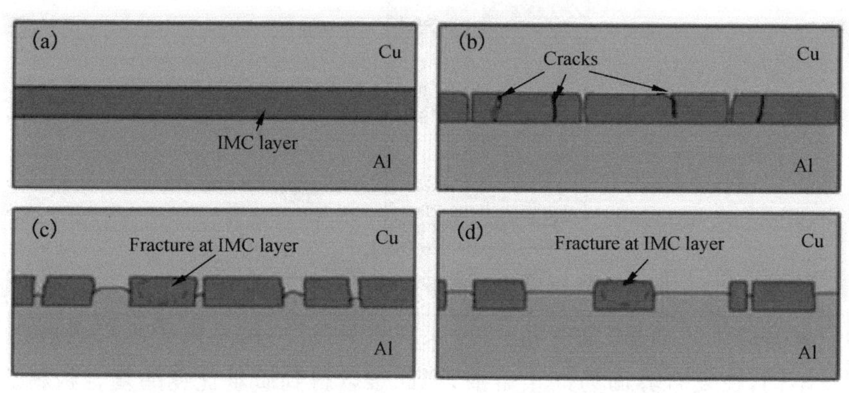

(a)铸轧态；(b)一次轧制；(c)多道次轧制；(d)轧制到厚度为50 mm

图 2-45 轧制过程复合板界面结构演变的示意图

经过轧制后，铜铝复合板的界面变化特征为：IMC 层断裂并逐渐分离，铜铝组织挤压到断裂区域内形成铜铝直接接触区域，IMC 层破碎段平均长度和占比均随复合板厚度呈线性降低关系；界面附近基体的形变特征为：IMC 层附近的基体组织由于受到 IMC 对基体的牵制作用，形成了未形变组织，而 IMC 层分离区域则产生了较大的形变。轧制过程界面对铜铝的协同变形起到相互牵制作用，这种作用主要依靠下列作用：IMC 层与基体的结合力，IMC 层自身的高强度（宏观上表面为 IMC 断裂层产生的钉扎作用）和轧制过程界面的结构作用。

2.11 浇铸复合法

2.11.1 浇铸复合法工艺特点

浇铸复合法也被称为铸模法，其生产工艺是：将基板置于盛有金属液的铸模中，液态金属凝固后形成复合板坯，然后对此板坯进行轧制获得所需规格的复合板。

用该法制备不锈钢碳钢复合板时，先将两块不锈钢复合板叠合，中间涂上剥离剂，四周焊合后放在铸模中。为防止不锈钢表面在浇铸时氧化，要在不锈钢板外表面涂上防氧化剂。然后将碳素钢液注入铸模内，在铸模内完成不锈钢和碳素钢的复合，如图 2-46 所示。将此复合后的板坯进行轧制，达到厚度要求后，将边部切除就可以得到两块单面的不锈钢复合板。为了避免复板在浇铸时被熔化，对复板厚度有一定的限制。

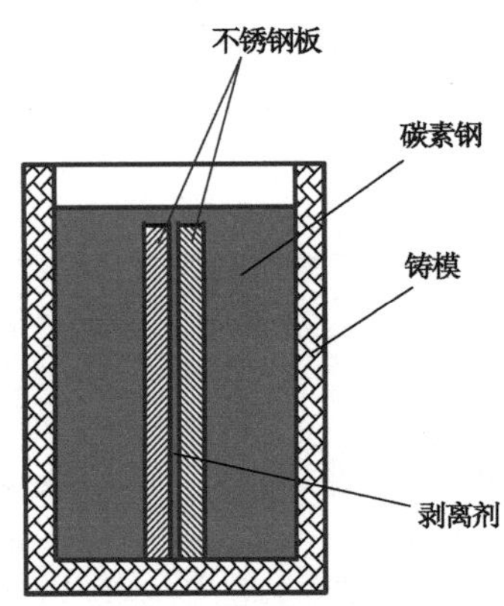

图 2-46　铸模法制备不锈钢复合板工艺示意图

浇铸复合法工艺简单、成本低，可以实现批量生产，但是由于复层金属与基体金属的熔点不同，在复合界面易产生熔损，因此难以得到质量优良的复合板材。

2.11.2 浇铸复合法实例分析

为了消除固体铜溶解后形成的合金熔体流动对复合过程的影响，将固体铜板置于铸型底部，固体铜溶解后形成的铜铝熔体层处于水平状态，加之其密度大，不会形成自然对流，其浇注方法如图 2-47 所示。

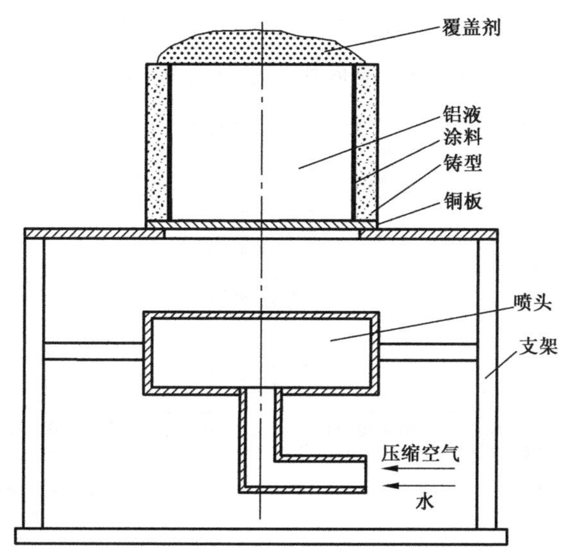

图 2-47　水平浇注法制备铜铝复合铸锭原理示意图

将氩气通入铸型内，对铜板内表面进行保护，同时保护浇入铝液不被氧化，防止氧化方法如图 2-48 所示。

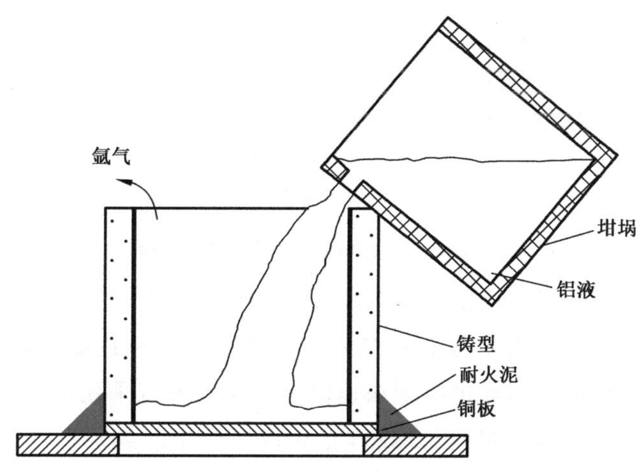

图 2-48　防止铜板与铝液氧化方法示意图

浇注温度为 790 ℃，铜铝反应时间为 60 s 时，不同冷却条件下的冷却曲线如图 2-49 所示。图 2-49(a)为喷风冷却，可以清楚地看到冷却曲线并没有随着喷风的开始而迅速下降，并且四组电偶显示的曲线没有随着喷风冷却的开始而逐渐分开。图 2-49(b)为喷雾冷却，可以清楚地看到，当喷雾开始后冷却曲线快速下降，并且由于四组电偶位置的不同，四条曲线中只有距离铜板较远的冷却曲线开始分离，但距离铜板较近的冷却曲线没有分离。图 2-49(c)为喷水冷却,可以清楚地看到当喷水冷却开始后冷却曲线急速下降,四组电偶所显示的冷却曲线清晰地分离开来。

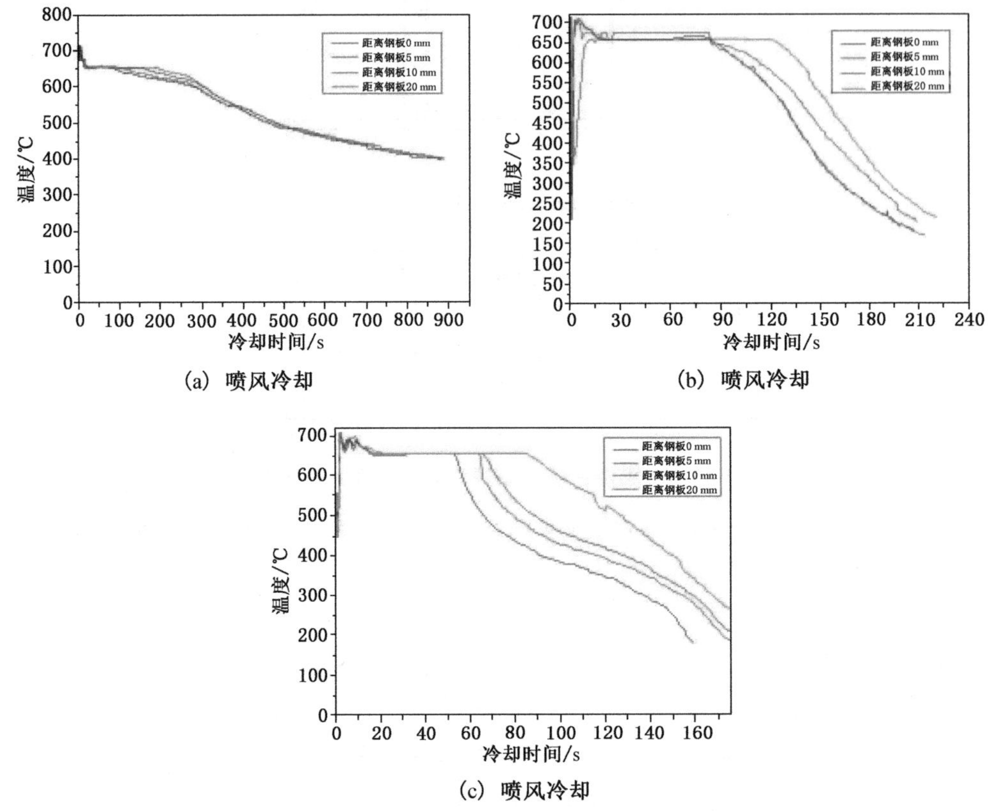

(a) 喷风冷却

(b) 喷风冷却

(c) 喷风冷却

图 2-49 不同冷却条件下的冷却曲线

将金相照片叠加,得到完整的复合层照片。在照片上测量复合层总厚度以及各种组织层的厚度,测试方法如图 2-50 所示。铝液与固态铜接触后,在接触面上有可能形成化合物,导致铜在铝液中实现快速溶解。实验发现采用浇铝法制备铜铝复合铸锭时,复合层内容易形成缩孔与缩松,在相内易产生裂纹。增加对铜板的冷却速度,在复合层内形成更高的温度梯度是减少缩孔与缩松的有效方法。

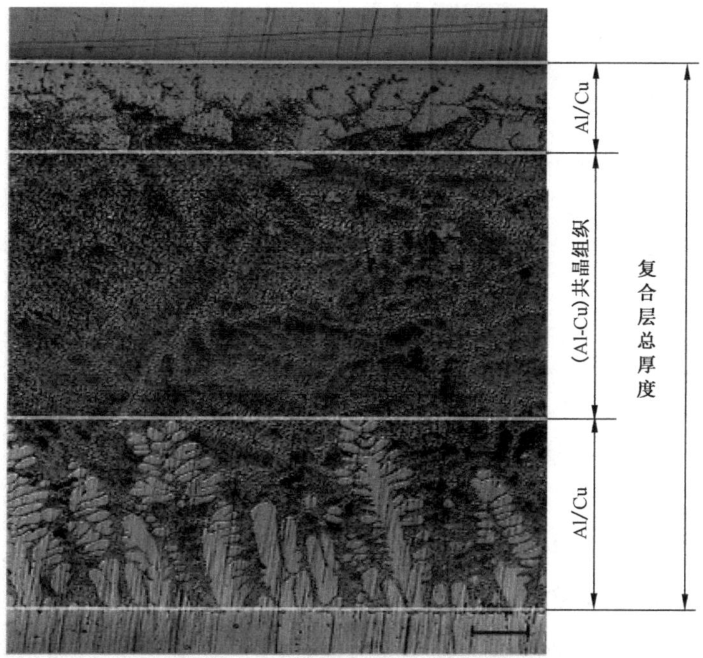

图 2-50　复合层厚度测试方法

2.12　电磁连铸法

2.12.1　电磁连铸法工艺特点

电磁连铸生产复合钢板是借助水平电磁场生产复合钢坯的连铸工艺。水平磁场安装在结晶器下部，两种化学成分不同的钢水同时分别通过长、短浸入式水口注入水平磁场的上、下部位。不采用水平磁场时，两个承口的钢流将引起结晶器内两种钢液的对流混合；采用水平磁场时，作用在钢流上的制动力（洛仑兹力）垂直穿过水平磁场，抑制了两种钢液的混合，而且水平磁场成为一个分界线，依靠磁流体力作用把结晶器熔池分成上、下两部分。通过水冷铜结晶器的冷却作用，上部熔池的钢液凝固成为复合钢坯的外层，下部熔池的钢液在内部凝固成为复合钢坯的内芯，如图 2-51 所示。该生产工艺操作简单，无污染，材料复合强度高，适于大批量生产，而且可以通过计算机模拟实现工艺的最佳控制。

电磁连铸法生产复合板的优势在于：由于在结晶器内直接实现复合，可以避免在结合面处出现氧化、夹渣等缺陷。电磁连铸法是液-液相结合，与反向凝固法相比，生产出的复合板结合强度更高，同时也无须对基板表面进行活化处理，并且可以根据用户的要求灵活地调整复合板的尺寸和复层的厚度，可用于大批量、连续化生产双面复合板口。

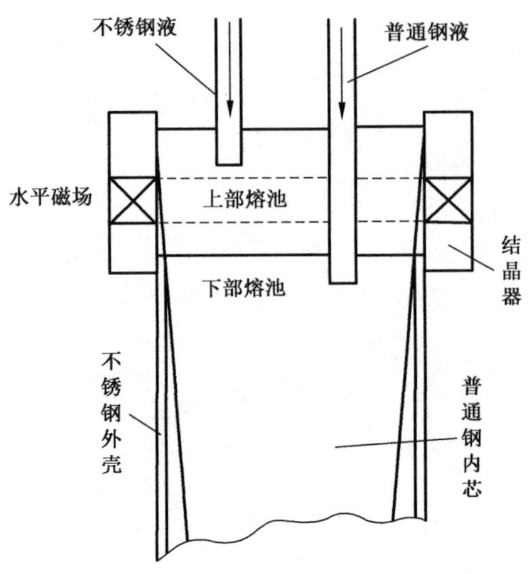

图 2-51　电磁连铸法制备不锈钢复合板示意图

2.12.2　电磁连铸法实例分析

连铸中间包内铜液的电磁力及流速分布如图 2-52 和图 2-53 所示。在电磁搅拌中，铜液中感应电磁力随搅拌电流上升而增大，同时传质加快，脱氧率增加。但这种关系并不是线性的，随搅拌电流增加，其热效应成平方级增大，但电磁力增幅则下降。搅拌系统的优化设计和合理布局可使铜液的热损耗小，感应电磁力大，流速适中(脱氧效果好，对周边耐材冲刷弱)。铜液流场受电磁场电磁力旋度的影响较大，对不同尺度的炉体、中间包和结晶器，应选择不同频率的搅拌电流，使其有足够的渗透深度，并利用其集肤效应强化电磁力分布的不均匀性，从而增强搅拌对流传质，以获得较好的脱氧效果。

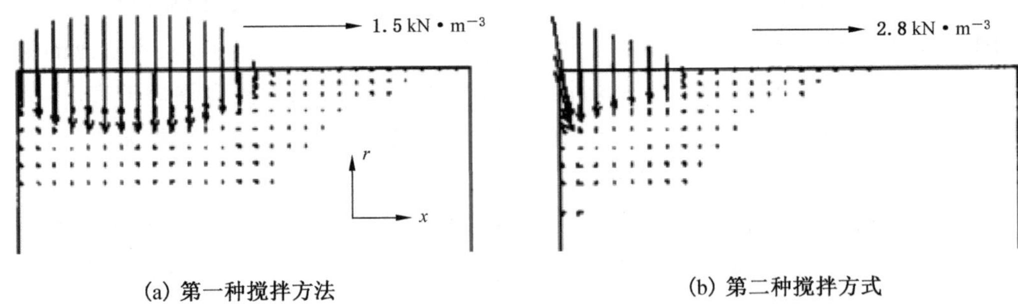

(a) 第一种搅拌方法　　(b) 第二种搅拌方式

图 2-52　电磁力场

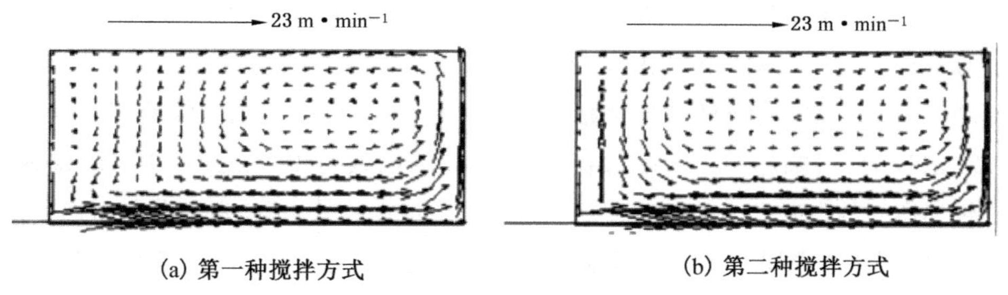

(a) 第一种搅拌方式　　(b) 第二种搅拌方式

图 2-53　铜液的流场

2.12.3　铜坯电磁连铸技术分析

铜坯电磁连铸的原理如图 2-54 所示。在电磁连铸中，电源频率和电流强度，感应圈位置及尺寸，铸坯金属的高温电、磁、流、热等物理特性，电磁结晶器的构造及其导磁方式等，均是实现铸坯质量改善的关键因素，并最终决定了铸坯振痕、热裂的趋势，以及铸坯内部的组织特征和成分的均匀性。

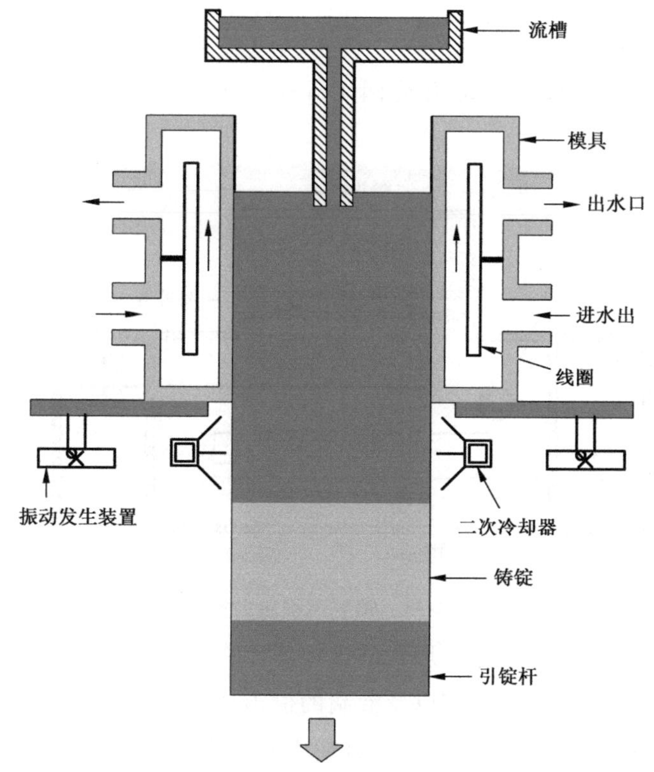

图 2-54　铜坯电磁连铸技术原理

电磁场频率决定电磁场的渗透深度。高频电磁场易形成铜坯与结晶器间软接触状态，降低初始凝壳与结晶器的摩擦力，减轻表面振痕；低频电磁场渗入铸坯液芯，形成电磁搅拌。数值模拟显示，铜坯表面的电磁压力和电磁力随电磁场频率升高而增大。在频率≤30kHz 时，增幅较大；频率＞30 kHz 时，则增幅趋缓；当频率超过 100 kHz 时，增幅趋零。因此，铜坯电磁连铸的电磁场频率在 30～100 kHz 为宜。

铜坯所受的电磁压力和电磁力随感应圈电流成抛物线上升，但在分布形态上则无明显变化。大感应圈电流可强化电磁搅拌，减轻表面振痕，但过度的搅拌也会使铜液表面形成强烈湍流，产生漩涡卷渣。因此，试验和生产中，感应圈电流要根据坯型、结晶器结构，以及拉速、水冷强度等现场工艺条件调整，通常满足安匝数6 000～9 000。

感应圈的位置和尺寸决定电磁场作用范围和漏磁强度。计算和实测显示，当感应圈位置相对于铜液熔池过高或过低时，会分别出现熔池表面搅拌过度，产生漩涡导致卷渣，以及凝固前沿搅拌不足的现象。当感应圈与铜坯弯月面平齐时，电磁场对弯月面、熔池、凝固前沿和铜坯初始凝壳等区域的作用相对均衡，效果较理想。

2.13 喷射沉积复合技术

喷射沉积复合技术最早是由英国 Osprey 金属有限公司开发的，如图 2-55 所示。

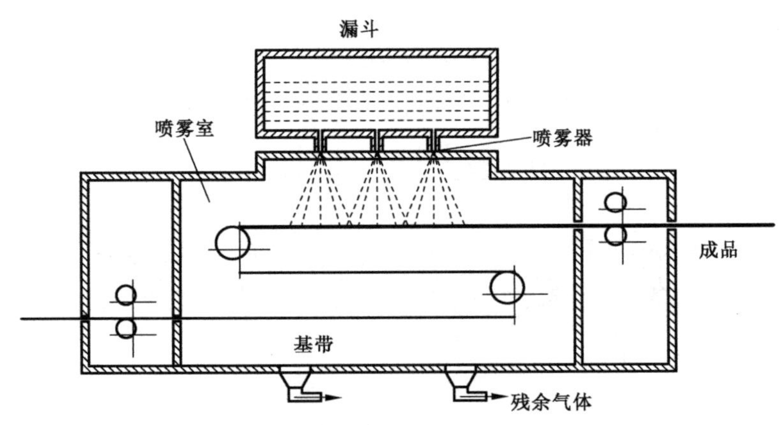

图 2-55 喷射沉积复合技术

应用此项技术可以生产各种形状的连铸坯。在喷射成型时，每个雾化液滴经高速率凝固和随后的高速固态冷却以及液滴的撞击作用使复层材料形成细、无宏观偏析、等轴的沉积显微组织。该方法的优点在于其生产效率高，能实现大规模、连续化生产。

2.13.1　喷射沉积复合技术工艺特点

喷射电沉积的原理与普通槽镀基本相同，其不同点主要在于两者在液体传质过程方面存在很大差别。当工件(阴极)与喷嘴(阳极)之间施加一定的电压，同时电沉积溶液高速喷射到镀件上，在喷射覆盖区，阴极与阳极通过电沉积溶液构成回路，此时喷射覆盖区有电流通过，产生电沉积，而其他部位因没有电流通过而不产生沉积。因此，喷射电沉积具有选择性的优点：

(1) 电沉积时，以一定流量和压力的电沉积溶液从阳极喷嘴高速喷射到阴极工件表面，不仅对沉积层进行了机械活化，同时还有效地降低了附面层和扩散层的厚度，加快了溶液的搅拌速度；

(2) 具有选择性、快速、低成本和不需要罩具的优点；

(3) 适用于盲孔和深孔零件；

(4) 适用于磨损或损伤部件的修复。同时，在一定的工艺条件下，喷射电沉积可以实现沉积层表面结构纳米化以及制备高性能的纳米晶金属块体。

喷射电沉积是一种局部高速电沉积技术。由于其特殊的流体力学性能，并具有高的热量和物质传输率，以及高的沉积速率而在纳米晶体制备方面受到瞩目。电沉积时，一定流量和压力的电沉积溶液从阳极喷嘴垂直喷射到阴极表面，使得电沉积反应在喷射流与阴极表面冲击区发生。电沉积溶液的冲击不仅对沉积层进行了机械活化，同时还有效地减少了扩散层的厚度，改善电沉积过程，使得沉积层致密，晶粒细化。

电沉积速率 V 由上述三个过程中最慢的一步反应速度所控制，可用与此反应相关的电流密度 J 与电流效率 η 的乘积表示，即随电流密度上升，沉积速率加快，但电流密度增加到某一数值时，电流效率就急剧下降，沉积层质量急剧恶化。这一电流密度数值通常称为临界极限电流密度。要实现高速电沉积，就要设法做到既提高阴极电流密度而又不致于降低阴极电流效率，其关键是要提高阴极极限电流密度。

而极限电流密度 j_d 为

$$j_d = nFD_i \frac{c_i{}^0 - c_i{}^s}{\delta} \tag{2-3}$$

$$\delta = D_i^{1/3} \mu^{1/6} y^{1/2} u_0{}^{-1/2} \tag{2-4}$$

式中：

F ——法拉第常数(9.648 5×10^{4}C)；

D_i——扩散系数(cm^2 · s^{-1})；

u_0——液流的切向初流速(Pa・s);

y ——阴极表面上某点距冲击点 y_0 的距离(cm)。

对于某一种电沉积溶液而言,D_i、μ 为一定值,提高电沉积溶液的流速以及减小阴阳极之间的距离均能有效地减薄扩散层厚度,增大阴极极限电流密度。j_d 与 2/10u 成正比,说明 j_d 的大小与搅拌强度有关,增大搅拌强度可以提高液相传质速度及电极反应速度。当液相传质提高到一定程度后就会发生控制步骤的转化,使电沉积反应能在更为有利的条件下进行。

电沉积溶液可以无阻碍地以一定的压力、流速喷射到阴极表面,向阴极提供足够的金属离子,在保证一定效率的前提下,大大提高了电流密度,同时也使阴极表面浓差极化进一步减小,最终使沉积速度得以显著提高。

2.13.2 喷射沉积复合技术实例分析

2.13.2.1 试验与方法

图 2-56 和图 2-57 分别是试验所采用的喷射电沉积设备示意图和实物图。

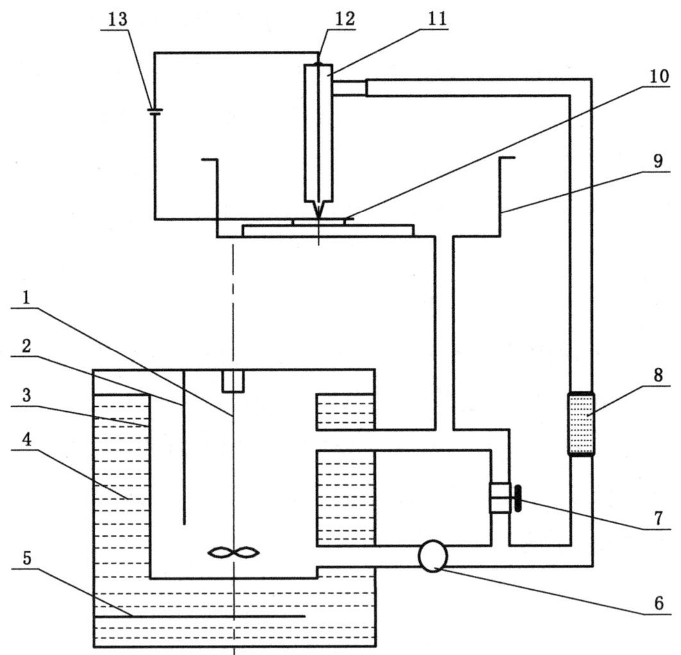

图 2-56 机械搅拌喷射电沉积循环系统示意图

1—搅拌器;2—温度传感器;3—电沉积槽;4—恒温水浴槽;5—电加热器;6—过滤机;7—调节阀;8—转子流量计;9—电沉积室;10—阴极板;11—喷嘴机构;12—阳极—镍棒;13—脉冲电源图

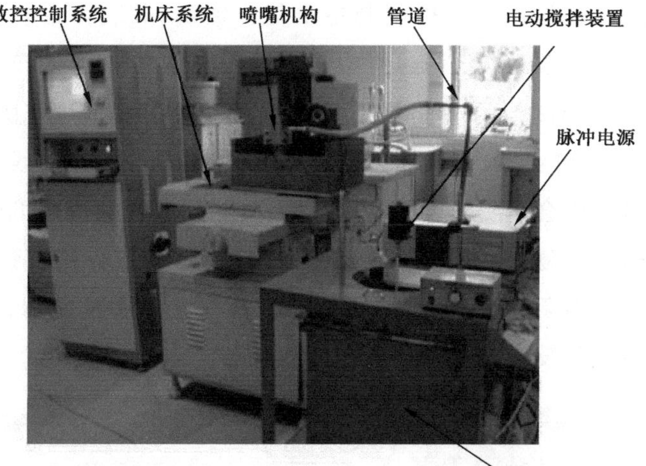

图 2-57　喷射电沉积系统实物图

采用镍包覆的 Cr_3C_2 颗粒与钴的复合镀液，利用喷射电沉积技术共沉积制备 Co-Cr_3C_2 复合镀层。

采用的喷射电沉积系统主要由电镀电源、数控平台、储液槽、循环泵以及喷枪等部分组成。如图 2-56 所示，复合镀液经由喷枪的喷头射向阴极工件表面，喷头内径 ϕ6.0 mm，阴极工件为 ϕ24.6 mm×2.4 mm 的 45 钢，喷头与工件间距为 10 mm，喷枪由数控平台控制在工件上方作直线往复移动，移动距离为 30 mm，电源为 PS-3005D 型直流电源。

镀件预处理工艺：电沉积前镀件表面需进行预处理，其工艺流程为电净处理（电净液）→活化处理（2 号活化液活化表面，3 号活化液除表面炭黑）→镀过渡层（特殊镍）。

复合镀液配方如下：430 g/L $CoSO_4 \cdot 7H_2O$，350～600 g/L Cr_3C_2，30 g/L H_3BO_3，5 g/L 导电盐，分散剂适量，pH＝4，镀液温度 40 ℃。其中主盐 $CoSO_4 \cdot 7H_2O$ 为工业纯，其余试剂均为分析纯；Cr_3C_2 的粒径为 3～5 μm。

采用液相包覆-分解法在其表面包覆质量分数约为 50%的 Ni。试验方法：控制单一变量研究不同工艺参数对复合镀层的影响规律，逐步确定较优工艺，总共做 4 次试验，1 号试验固定电流密度、镀液流量以及喷头移动速率 3 个参数，研究镀液 Cr_3C_2 颗粒用量对复合镀组织及性能的影响；2 号、3 号、4 号试验依次研究电流密度、镀液流量以及喷头移动速率对复合镀组织及性能的影响。

2.13.2.2　试验与方法

1. Cr_3C_2 颗粒用量对复合镀层的影响

复合镀层的性能受颗粒复合量的影响，而颗粒复合量与镀液中颗粒的含量有关。在不同 Cr_3C_2 颗粒用量条件下制备出复合镀层，其表面形貌如图 2-58 所示。复合镀液中过多的颗粒在共沉积过程中产生较强的冲刷作用，不仅会阻碍颗粒的复合，同时对镀层的表面产生了冲击作用，使镀层表面的粗糙程度有所提高。

图 2-59 为复合镀层中颗粒含量随 Cr_3C_2 颗粒用量的变化曲线。镀液中的固体颗粒在电沉积过程中会对阴极表面产生冲刷作用，当颗粒浓度较低时冲刷作用不明显，但颗粒复合较慢，复合量较低；而颗粒浓度较高时冲刷作用较强，这样的冲刷作用会导致已经附着在阴极表面但尚未被基质金属牢固包覆的固体颗粒脱落下来，故较大浓度的固体颗粒反而不利于其复合量的提高。

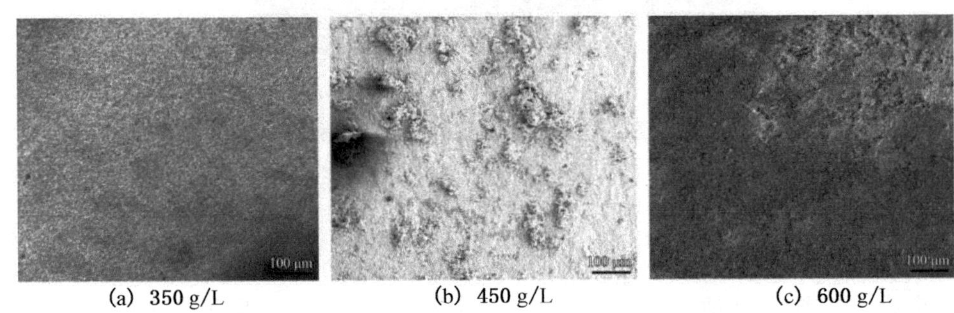

(a) 350 g/L (b) 450 g/L (c) 600 g/L

图 2-58 不同 Cr_3C_2 颗粒用量下复合镀层的表面形貌

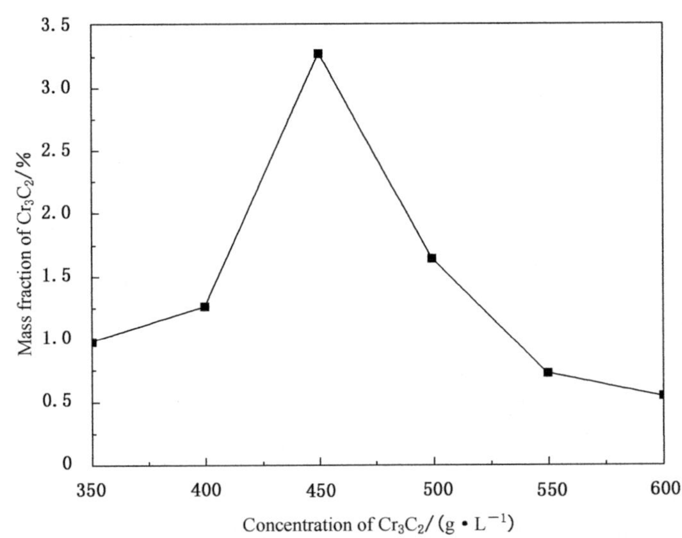

图 2-59 不同 Cr_3C_2 颗粒用量下复合镀层中的颗粒复合量

2. 电流密度对复合镀层的影响

外加电压决定阴极的电流密度，控制金属离子的沉积速率，同时外加电压所形成的电场会影响镍金属包覆的固体颗粒的运动，以至于影响颗粒在到达阴极表面后能否被基质金属所包覆。

图 2-60 为不同电流密度下复合镀层中 Cr_3C_2 的含量。电流密度较低时随着电流密度增大，基质金属的沉积速率越快，对颗粒的包覆越为及时有效，因此在这一范围内随着电流密度的升高，颗粒复合量逐步上升；电流密度继续升高，基质金属的沉积速率不断加快，而电流密度的升高对硬质颗粒到达阴极表面并停留的过程并无明显影响，相比之下金属的沉积量增大，致使复合镀层中颗粒含量下降。

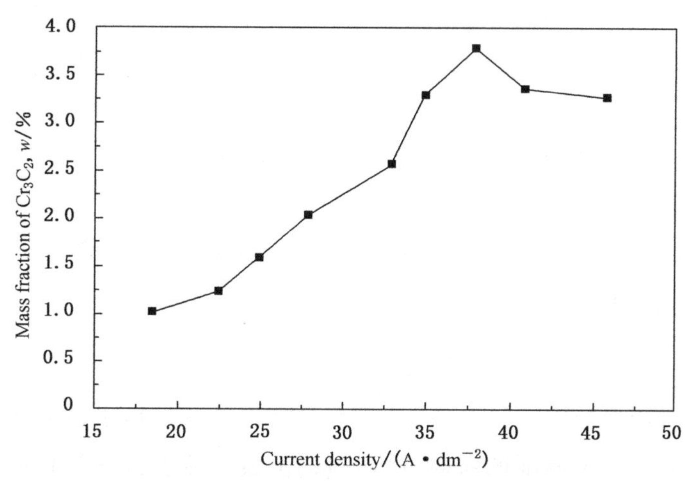

图 2-60　不同电流密度下 Cr_3C_2 颗粒复合量

3. 镀液流量对复合镀层的影响

镀液的流量即镀液由喷枪中喷射出的速度也会影响镀层颗粒的复合量。由图 2-61 可以看出，颗粒的复合量随着镀液流量的增加先升高后降低，当流量在 2.17 L/min 时，颗粒的复合量最大，达到 6.51%。这是因为当流量低于 2.17 L/min 时，镀液流速较慢，镀液中的颗粒易在阴极表面产生堆积，并被基质金属包覆，但这样的包覆层并不牢固，在镀层沉积结束清洗时，这些颗粒即发生脱落，不利于颗粒的复合；随着镀液流量的增加，镀液对阴极表面的冲刷作用逐渐增强，可将堆积在阴极表面的颗粒带回镀液中，有利于基质金属与被捕获颗粒的共沉积；而当流量进一步加快时，镀液对阴极表面的冲刷作用过强，会使更多的颗粒被带到镀液之中，致使颗粒的复合量下降，当流量达到 2.39 L/min 时，颗粒复合量已降至 3.77%。

采用喷射电沉积制备了 Co-Cr_3C_2 复合镀层，复合镀层的硬度、摩擦因数与镀层的颗粒复合量相关，颗粒复合量越大，则硬度越高，摩擦因数越低。

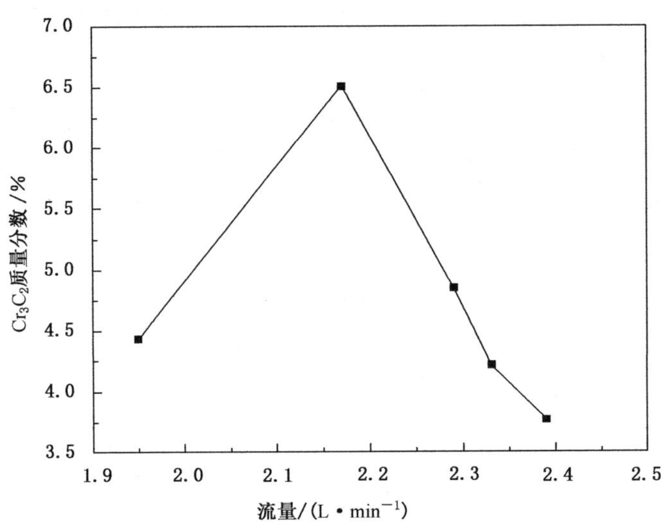

图 2-61　不同镀液流量下 Cr_3C_2 颗粒复合质量分数

2.14　双流铸造法

双流铸造法是在传统的连续铸造基础上增加一个内浇包及其导流系统，内、外浇包分别容纳不同成分的两种熔体，外浇包的金属液流经出水口后进入结晶器中，受激冷凝固成具有一定厚度的薄壳，内浇包的金属液流出内导管口时，被凝固薄壳和残余外部金属液包围，通过调整铸造时的工艺参数，可以控制内、外浇包中两种液体的凝固时间差，促进结晶器内熔体按照由外向内的顺序凝固，实现两种液体部分混和。此工艺的技术关键和难点在于控制两种金属液的流速和温度，形成合适厚度的中间结合层。

国外对多流电磁铸造的工艺非常保密，关于这方面公开发表的文章非常少。为了缩短与国外的技术差距，我国各个单位也进行了双锭电磁铸造的技术研究。为了能够在我国铝铸造行业尽快实现多流同时铸造的生产能力，北方工业大学开展了双锭电磁铸造研究项目，通过对模拟双锭冷态磁场测试，掌握双锭系统磁场分布规律，以便为多流铸造时感应线圈的连接方式及铸锭间距参数选择等方面提供重要依据。研究表明，双锭电磁铸造磁场分布受感应线圈电流的相互影响，内侧场强低于外侧场强，两者的差值随铸锭间距加大而减弱，到一定间距时，可使内、外两侧磁场分布对称，满足铸造要求。双锭系统中感应线圈连接方式以串联为宜，这种连接方式不仅简单，最重要的是能保证各感应线圈电流大小相等，有利于多流铸造时的控制。

北京科技大学的周土平利用互感祸合模型研究了双锭电磁铸造中铸锭间不同连接方式下系统的稳定性，并联系统及串联系统对液柱高度和液固线位置的变化均是稳定的，但当铸锭高度发生变化时并联系统比串联系统更稳定。张兴国、金俊泽等在实验室进行了一机双锭电磁铸造的实验，其设备示意图如图 2-62 所示。

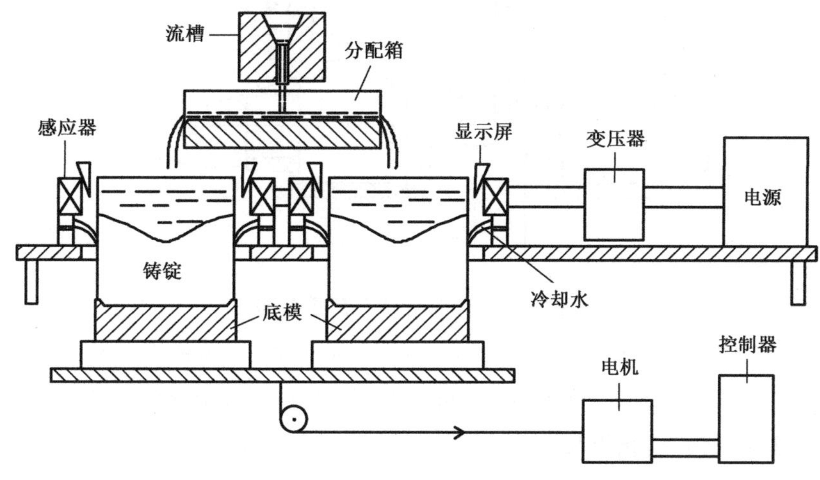

图 2-62　一机双锭电磁铸造设备示意图

北京科技大学所采用的充芯连铸工艺实际是属于双流铸造法的一种。充芯连铸工艺(简称 CFC 工艺)制造铜铝双金属复合材料的基本原理如图 2-63 所示，采用上下两个坩埚，使心部金属与外层金属分别在上下两个坩埚中熔化；由导流管和结晶器共同构成连铸铸管的铸型。外层金属液在其中凝固形成铸管；下拉外层金属铸管的同时，心部金属液随之充入铸管中，在一定的拉速和温度下，实现心部金属的凝固及其与外层金属的复合，再通过后续轧制工序就能得到复合板材。充芯连铸工艺同 CPC 法和双结晶器连铸工艺不同，其适合于心部金属熔点低、外层金属熔点高的情况，而上述两种方法适合心部金属熔点高、外层金属熔点低的情况，所以 CPC 法和双结晶连铸工艺不适合用来生产铜铝双金属复合材料。

充芯连铸工艺制备铜包铝双金属复合材料是一次下拉实现两种金属同时连铸并复合的工艺，这增加了工艺参数控制的难度。经过反复试验的结果表明，必须准确控制以下工艺参数才能顺利和稳定地制备铜包铝双金属复合材料：

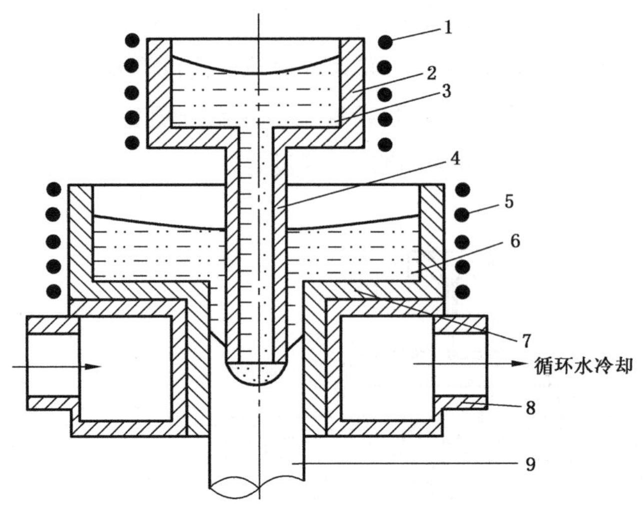

图 2-63　充芯连铸工艺原理图

1—心部金属加热器;2—上坩埚;3—心部金属液;4—心部金属导流管;5—外层金属加热器;6—外层金属液;7—下坩埚;8—结晶器;9—双金属棒

(1) 合适的金属熔化温度

控制包覆金属铜的过热度约 250 ℃,芯部金属铝的过热度约 200 ℃。如果铜液过热度太小,则出现金属液冻在结晶器的内部、拉断金属坯、拉坯阻力很大的现象;如果金属铝液的过热度太小,则造成导流管堵塞,铜铝界面复合不好。如果铜液过热度太大,容易产生非稳定拉坯现象,因为铜液温度过高,凝固界面位于导流管下端以下时,不能形成铜管坯壳,无法拉坯,甚至造成拉漏事故;铝液过热度过大,可能造成铜管坯的熔断,造成包覆层厚度不均、拉漏现象。

(2) 合理的拉坯速度

拉坯速度是影响充芯连铸工艺的重要因素,需要与金属液温度、结晶器冷却强度进行合理匹配,否则容易造成拉漏事故。

(3) 保证引锭杆、结晶器和导流管三者间的对中

引锭杆、结晶器和导流管三者间的对中直接影响了拉坯的质量。如果对中不好,则坯壳和结晶器及导流管间的摩擦力较大,拉坯的阻力也较大,易在铜包铝棒的表面造成裂纹,甚至造成金属被拉断或者导流管断裂的现象。

采用充芯连铸工艺生产双金属复合材料,关键的控制工艺参数有两种金属的浇铸温度、结晶器的冷却速度、双结晶器之间的距离、拉坯速度,以及这些工艺参数之间的合理匹配等。实验已经证明原理上可行,但目前的充芯连铸设备还处于实验室

阶段。

2.15　水平连铸法

水平连铸直接复合成形(HCFC)是谢建新等开发的制备铜包铝复合材料的新工艺,具有流程短、效率高及复合界面可达到冶金结合等优点,为制备铜包铝电力扁排等异形断面复合导体提供了新的途径。在前期研究工作中,采用该新工艺已制备了性能良好的 ϕ30 mm 铜包铝圆形棒坯,并结合轧制、拉拔等加工方法制备了高性能铜包铝复合电力扁排。由于圆坯具有复合模具结构简单、温度场易于控制等特点,采用 HCFC 工艺最适合于制备圆形断面复合棒坯,但从后续扁排类产品的加工成形考虑,与圆形断面坯料相比,矩形断面坯料具有后续加工过程更简便、变形应力状态更均匀、加工后平直度更易调控等特点。然而,非圆形断面坯料由于断面不具备中心对称性的特点,在水平连铸直接复合成形时的传热过程更为复杂,对制备工艺控制的要求更高。

2.15.1　水平连铸法工艺特点

矩形断面铜包铝复合材料的水平连铸直接复合成形工艺原理如图 2-64 所示。其工艺过程如下:复合连铸开始时,铜液在位于结晶器内的矩形芯棒和矩形铸模之间先凝固形成矩形铜管,并通过牵引机构连续引出。矩形芯棒带有导流孔(以下简称芯管),在连铸铜管的同时,将铝液通过芯管充入铜管中,通过结晶器的一次冷却和喷水二次冷却作用,控制铝的凝固过程以及铜铝之间的界面反应,从而连续拉铸铜包铝复合矩形坯。连铸过程中铜液、铝液和复合模具的温度由控温装置进行控制。

纯铜和纯铝分别采用感应电炉和电阻炉进行熔化,复合模具采用感应加热。实验时复合模具保温温度(t_c)、铜液温度(t_{Cu})和铝液温度(t_{Al})保持恒定,分别改变结晶器长度(L)、芯管长度(L_2)、拉坯速度(v)和一次冷却水流量(Q_1)等参数,研究各参数对矩形断面铜包铝复合材料水平连铸直接复合成形过程的影响。所制备的矩形断面铜包铝复合材料的规格为 50 mm×30 mm×3 mm。采用线切割将复合铸坯沿连铸方向(纵向)和垂直于连铸方向(横向)剖切,观察其内部宏观形貌。

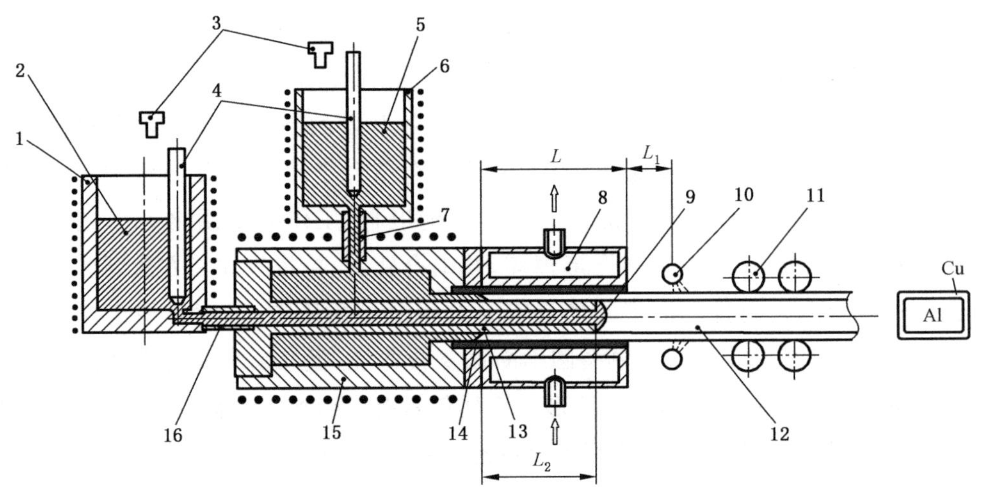

图 2-64 矩形断面铜包铝水平连铸直接复合成形工艺原理图

1—熔铝保温炉；2—液态铝；3—热电偶；4—柱塞；5—液态铜；6—熔铜保温炉；7—浇口；8—结晶器；9—液态铝的固化前；10—二次冷却器；11—捏辊；12—复合铸棒；13—芯棒管；14—液态铜的凝固前沿；15—复合模具；16—浇口；L—结晶器的长度；L_1—第二冷却水与结晶器出口之间的距离；L_2—芯管的长度

2.15.2 水平连铸法实例一分析

2.15.2.1 结晶器长度的影响

不同工艺条件下所制备的矩形铜包铝复合材料横、纵截面的宏观形貌如图 2-65 所示。

采用长度为 150 mm 的结晶器，当拉坯速度为 90 mm/min 时，可实现稳定连铸且铝液填充较好，如图 2-65(a)和(b)所示；但当拉坯速度为 60 mm/min 时则出现由于冷却强度过大而导致的“拉坯冻住”现象。这表明，当结晶器长度为 150 mm 时，需要配以较高的拉坯速度才能使铝芯的固液界面处于芯管出口之外，从而使铝液可以连续充填到包覆铜管中。当结晶器长度为 100 mm、拉坯速度为 60 mm/min 时可实现稳定的连铸，但铝芯存在少量铸造缺陷，如图 2-65(c)和(d)所示；而当拉坯速度增加至 90 mm/min 时，由于结晶器的一次冷却不够，导致铝液将铜层熔穿。这表明，当结晶器较短时，需配以较低的拉坯速度才能使铝芯的固液界面位置和界面反应程度都得到较好的控制。

结晶器的作用一是实现包覆铜管凝固，二是当铝液充填到包覆铜管中时对复合铸坯进行一次冷却。因此，当结晶器较短时，一方面包覆铜管在结晶器内受到的冷却距离较短，所以，在铝液充填到包覆铜管中时两者复合部位的铜管温度较高，铜铝发生界面反应的程度增加；另一方面结晶器对铝液充填到铜管时的一次冷却能力也较低。两个方面的共同作用，使得结晶器较短时如果拉坯速度较快容易发生过度界面反应甚至铜层熔穿。图 2-65(a)和(b)结果表明，采用长度为 150 mm 的结晶器进行连铸时，有利于获得更高的拉坯速度(90 mm/min)。因此，结晶器长度为 150 mm 较为合理。

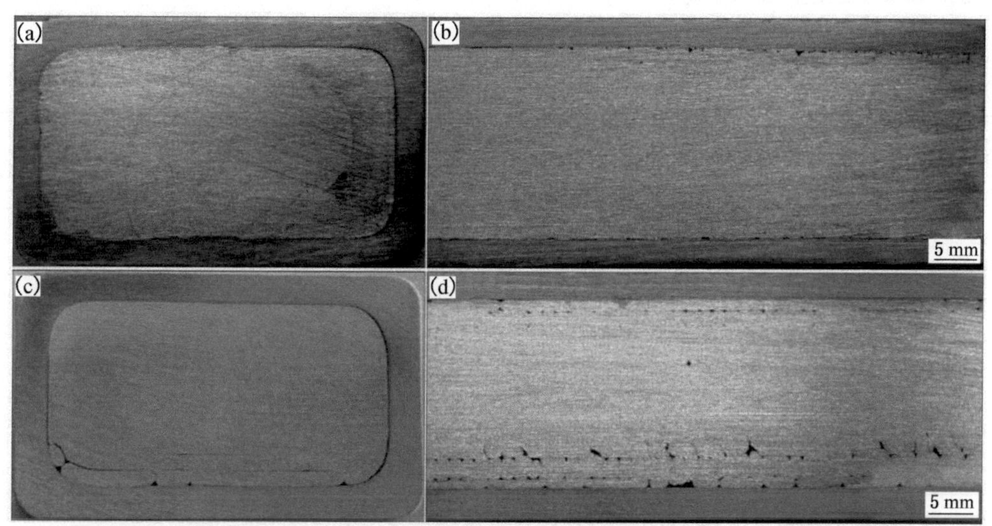

图 2-65　不同结晶器长度下所制备的矩形铜包铝复合材料横、纵断面的宏观形貌

2.15.2.2　拉坯速度的影响

当平均拉坯速度在 60～105 mm/min 的范围内时，拉坯速度对矩形铜包铝复合材料水平连铸过程的影响如表 2-7 所列，所制备的矩形铜包铝复合材料的横、纵截面形貌如图 2-66 所示。

如图 2-66(a)和(b)所示，当拉坯速度为 60 mm/min 时，铝的下部有少量冷隔，说明铝的填充过程不连续；当拉坯速度为 75～90 mm/min 时，矩形断面铜包铝复合材料的水平连铸过程稳定，芯部铝无明显缺陷，如图 2-66(c)～(f)所示；当拉坯速度达到 105 mm/min 时，上部的铜包覆层与铝的界面反应严重，铜层被严重熔蚀，甚至导致上部铜层熔穿，如图 2-66(g)和(h)所示。同时，由于被熔蚀的铜与铝生成高密度的富铜脆性金属间化合物，凝固时沉积到铝芯下部，在铸造应力或牵引辊的压力下形成裂纹。综合上述结果可以看出，随着拉坯速度的增大，铝液填充过程从不连续转变为连续，但拉坯速度的进一步增大，包覆层与铝芯接触温度升高，会导致界面反应加剧。在本实验条件下，较适宜的拉坯速度范围为 75～90 mm/min。

表 2-7　拉坯速度对连铸过程及铸坯质量的影响

参数	试验编号			
	1	2	3	4
结晶器长度，L/mm	150	150	150	150
芯管长度，L_2/mm	125	125	125	125
一次冷却水流量，Q_1/(L·h^{-1})	700	700	700	700
拉坯速度，v/(mm·min^{-1})	60	75	90	105
连铸过程	稳定	稳定	稳定	稳定
铝液填充	不连续	连续	连续	连续
铜层熔穿	无	无	无	严重
铝芯缺陷	冷隔	无	无	裂纹

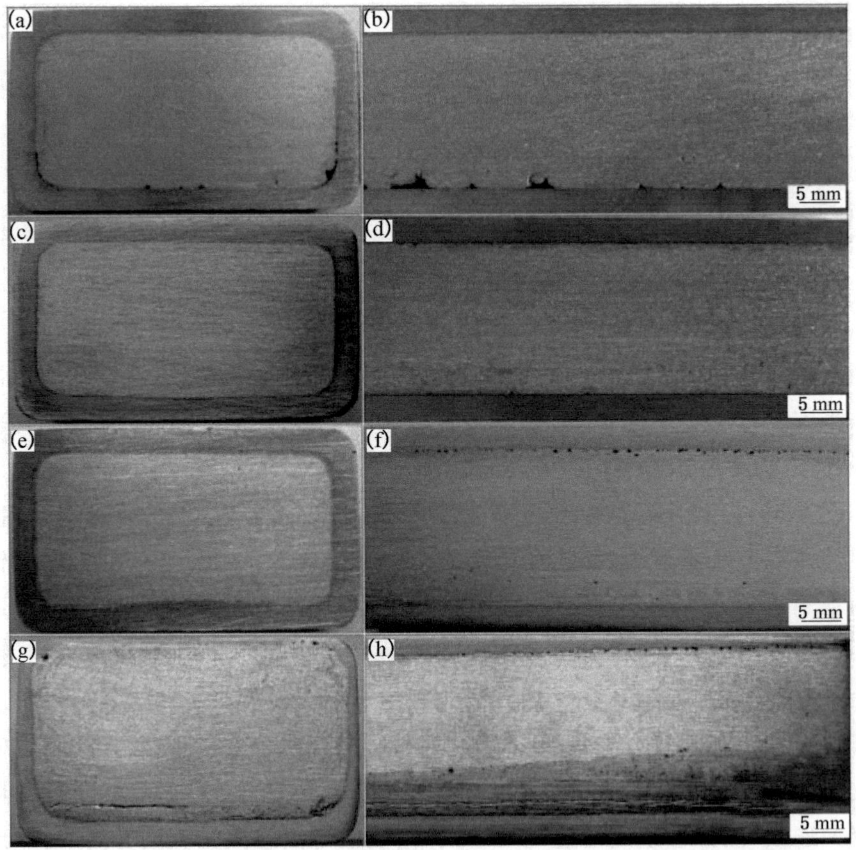

图 2-66　不同拉坯速度下所制备的矩形铜包铝复合材料横、纵断面的宏观形貌

2.15.2.3　芯管长度的影响

芯管长度对矩形铜包铝复合材料水平连铸过程的影响如表 2-8 所列；所制备的矩形铜包铝复合材料的横、纵截面形貌如图 2-67 所示。

上述结果表明，芯管长度显著影响铜包铝复合材料连铸过程铝液的流动行为以及界面反应状况。由图 2-67(c)和(d)可以看出，当芯管长度 L_2 为 125 mm 时，铝液的填充效果良好，无冷隔和裂纹等宏观铸造缺陷。当芯管长度太短时，由于铝液与铜管接触时的温度均较高，上部铜层与芯部铝的界面反应较剧烈，导致铜包覆层的明显侵蚀，如图 2-67 (a)和(b)所示；而当芯管长度过长时，铝芯受冷却程度大，固液界面移至芯管出口以内，铝液的填充变得不连续，导致芯部铝产生明显的冷隔，如图 2-67 (e)和(f)所示。因此，在本实验条件下，适宜的芯管长度为 125 mm。

表 2-8　芯管长度对连铸过程及铸坯质量的影响

参数	试验编号		
	1	2	3
结晶器长度，L/mm	150	150	150
芯管长度，L_2/mm	110	125	140
一次冷却水流量，Q_1/(L · h^{-1})	700	700	700
拉坯速度，v/(mm · min^{-1})	75	75	75
连铸过程	稳定	稳定	稳定
铝液填充	连续	连续	不连续
铜层熔穿	严重	无	无
铝芯缺陷	裂纹	无	冷隔

制备断面尺寸为 50 mm×30 mm、铜包覆层厚度为 3 mm 的矩形断面铜包铝复合材料，研究结晶器长度、拉坯速度、芯管长度和一次冷却水流量对矩形断面铜包铝复合材料水平连铸直接复合成形过程的影响。结果表明：当连铸结晶器长度为 150 mm、芯管长度为 125 mm 时，较为合理的拉坯速度范围为 75～90 mm/min；当拉坯速度过慢时，铝液的填充不连续，导致芯部铝的收缩或冷隔等缺陷；当拉坯速度过快时，铜铝界面反应严重；当拉坯速度为 75 mm/min 时，合理的一次冷却水流量为 700 L/h，一次冷却水流量大于 1 000 L/h 导致铝液填充不连续，一次冷却水流量小于 400 L/h 则导致铜铝界面反应加剧。

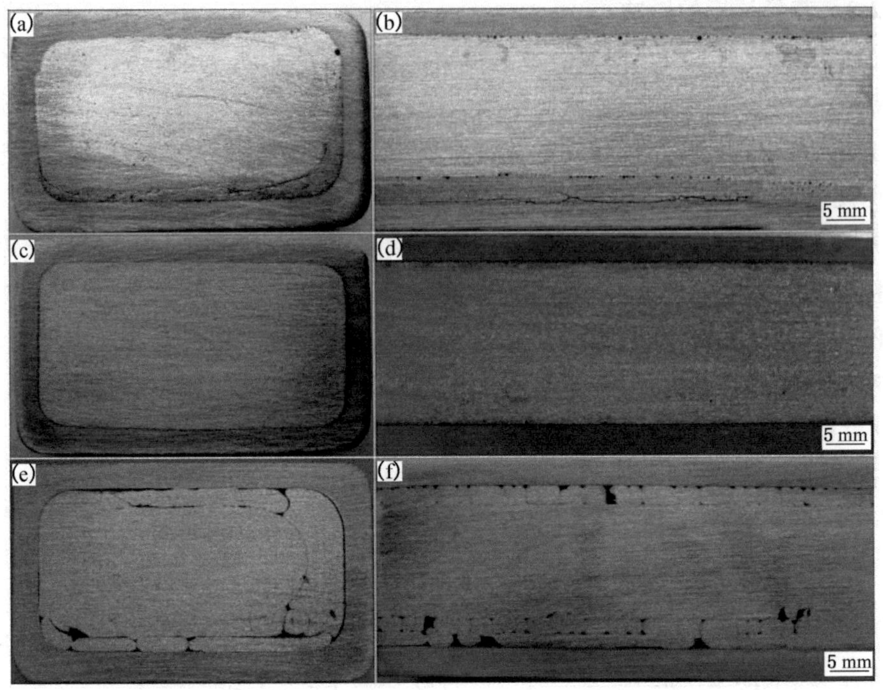

(a),(b) L_2=110 mm；(c),(d) L_2=125 mm；(e),(f) L_2=140 mm

图 2-67　不同芯管长度条件下所制备矩形铜包铝复合材料横、纵断面的宏观形貌

2.15.3　水平连铸法实例二分析

2.15.3.1　压下制度的影响

在室温下轧制时，在表 2-9 的 1～5 号压下制度下轧制获得的铜包铝复合扁排的形貌照片如图 2-68 所示。从图 2-68 可以看出，采用 1～2 号压下制度轧制获得的铜包铝复合扁排侧边部无明显裂纹和颈缩现象，如图 2-68 (a)和(b)所示；当第 1 道次压下率增大到 25%时(3 号压下制度)，在最终轧制道次扁排的侧边部出现颈缩，但无明显裂纹，如图 2-68 (c)所示；采用 4 号压下制度轧制时，第 1 道次增大至 35%，轧制总道次数减少至 4 时，在最终轧制道次扁排的侧边部开始出现明显开裂现象，如图 2-68 (d)所示。采用 5 号压下制度轧制时，第 1 道次增大至 45%，轧制过程一共 3 个道次，在第 2 道次即出现严重的边裂，如图 2-68 (e)所示。可见，1～3 号压下制度的轧制道次较多，并且最大道次压下率在 32.8%以下，所制备的铜包铝复合扁排侧边部无裂纹 4～5 号压下制度由于轧制道次相对较少，单道次压下率较大，最终轧后宽度明显增加，铜包铝复合扁排侧边部出现裂纹。上述结果表明，随着轧制道次减少或轧制最大道次压下率的增加，轧制过程中铜包铝复合扁排的边部开裂倾向加重。

表 2-9　50 mm×30 mm×3 mm×R4 mm 铜包铝不同轧制制度下的实验结果

编号	温度/℃	第 1 道次		第 2 道次		第 3 道次		第 4 道次		第 5 道次		轧后宽度 ω/mm	实验结果
		ε_1/%	Δh_1/mm	ε_2/%	Δh_2/mm	ε_3/%	Δh_3/mm	ε_4/%	Δh_4/mm	ε_5/%	Δh_5/mm		
1	室温	15	4.5	21.6	5.5	30.0	6.0	28.6	4.0	20.0	2.0	61.8	无边裂
2	室温	20	6.0	18.8	4.5	32.8	6.4	24.4	3.2	19.2	1.9	61.1	无边裂
3	室温	25	7.5	25.0	5.6	22.0	3.7	22.0	2.9	22.0	2.3	62.3	无边裂,局部颈缩
4	室温	35	10.5	25.0	4.9	25.0	3.7	25.0	2.7	—	—	63.9	边裂
5	室温	45	13.5	35.0	5.8	25.0	2.7	—	—	—	—	64.9	边裂
6	200	20	6.0	18.8	4.5	32.8	6.4	24.4	3.2	19.2	1.9	62.3	无边裂
7	250	20	6.0	18.8	4.5	32.8	6.4	24.4	3.2	19.2	1.9	62.3	无边裂,局部颈缩
8	300	20	6.0	18.8	4.5	32.8	6.4	24.4	3.2	19.2	1.9	64.0	边裂
9	350	20	6.0	18.8	4.5	32.8	6.4	24.4	3.2	19.2	1.9	66.6	边裂
10	400	20	6.0	18.8	4.5	32.8	6.4	24.4	3.2	19.2	1.9	66.9	边裂

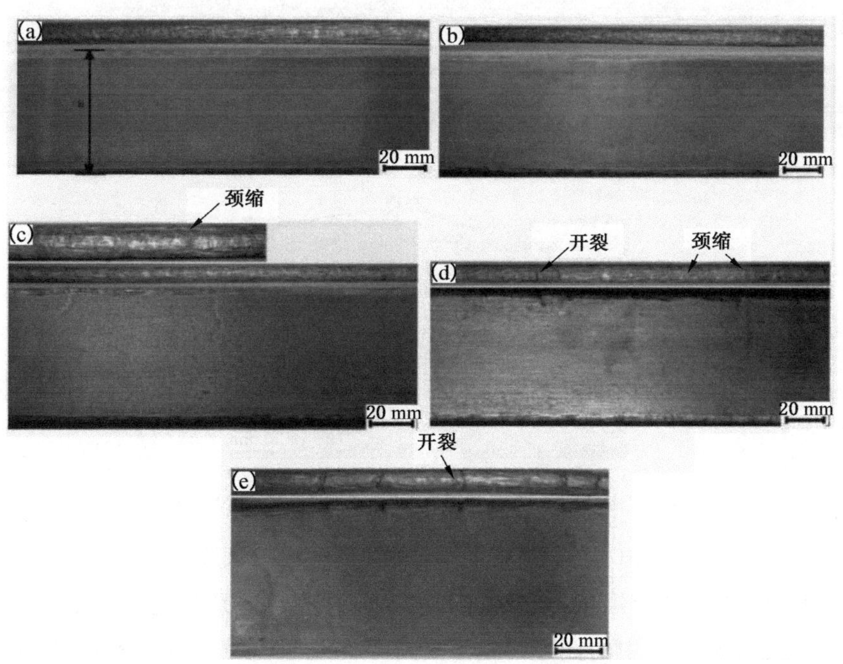

(a) 轧制制度1；(b) 轧制制度2；(c) 轧制制度3；(d) 轧制制度4；(e) 轧制制度5

图 2-68　冷轧铜包铝复合扁排表面宏观形貌

2.15.3.2 轧制温度的影响

在轧制温度 200～400 ℃范围内，采用表 2-9 中的 2 号压下制度轧制成形的铜包铝复合扁排的形貌如图 2-69 所示。从图 2-69 可以看出，在相同的压下制度下，200 ℃轧制时边部无开裂现象，轧制温度提高到 250 ℃时出现颈缩，300 ℃轧制时出现边部裂纹，300 ℃以上轧制时边部开裂加剧。300 ℃以上轧制边部开裂现象加剧的原因，可能与包覆铜层中杂质元素氢引起的脆性区温度有关，或与界面层结构与性能变化有关，这有待深入研究。

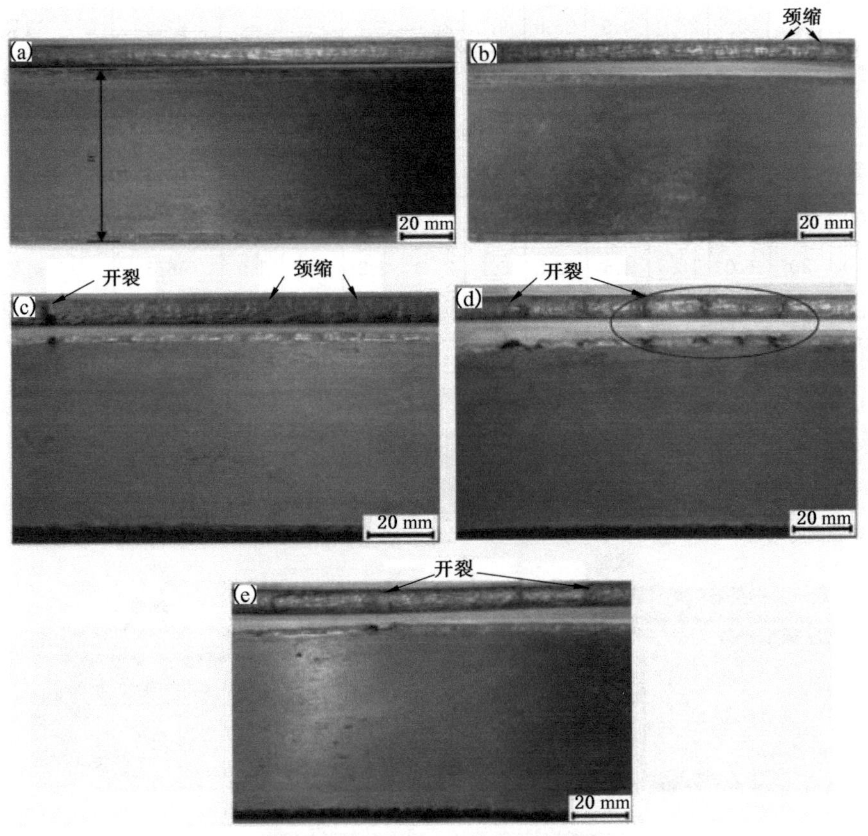

(a) 200 ℃；(b) 250 ℃；(c) 300 ℃；(d) 350 ℃；(e) 400 ℃

图 2-69　热轧铜包铝复合扁排表面宏观貌

综上所述，矩形断面铜包铝在轧制成形时，关键问题是侧边部铜层的开裂。铜包铝复合扁排轧制过程中的侧边部铜层的开裂与扁排宽度之间具有相关性，轧制最终道次扁排的宽度越大，则侧边部铜层表面质量越差，开裂倾向越严重。扁排的宽度由压下制度、轧制温度、摩擦条件等轧制工艺参数决定，因此通过合理分配轧制过程道次压下量以及合理的轧制温度控制，控制轧件的最终宽度，可有效改善边部表面质量，避免开裂。在冷轧条件下，控制轧件宽度在 62 mm 以下，宽展率小于 24%；在温轧条件下，控制轧制温度在 200 ℃以下，并控制轧件宽度在 63 mm 以下，宽展率小于 26%，可有效避免侧边部铜层的开裂。轧制过程的边部开裂一般原因是由不均匀变形所引起的附加拉应力。文献研究表明，在轧制坯料宽厚比小于 8 的条件下，宽展是影响轧件边部开裂的主要因素。这是因为轧件宽度的增加，导致处在自由变形区的侧边部铜层在轧向的附加拉应力增大，其开裂倾向增大。

轧制温度对铜包铝复合扁排的最终轧后宽度的影响如图 2-70 所示。可见随着轧制温度的升高，复合扁排的宽度增大。轧制温度主要通过摩擦因数影响宽展，随着轧制温度的升高，金属变形抗力降低，促使摩擦因数升高，同时金属表面氧化皮层软化促使摩擦因数降低。在较低温度下前者起主导作用，而在较高温度下后者起主导作用。轧制温度较低，轧制温度升高引起金属变形抗力降低的因素起主要作用，导致包覆铜层与轧辊的摩擦因数增大，从而使得轧制宽展增加。扁排宽度越大，侧边部表面质量越差。由上述分析可知，50 mm×30 mm×3 mm×R4 mm 矩形断面铜包铝复合棒材的合理轧制温度范围为室温至 200 ℃。

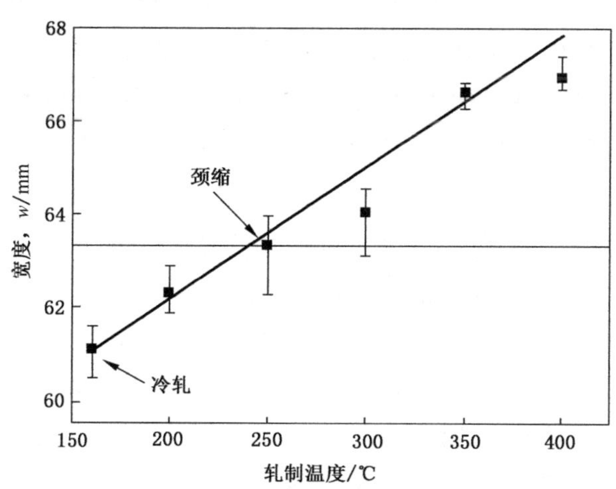

图 2-70　轧制温度对铜包铝复合扁排宽度的影响

2.15.3.3　拉拔精整

水平连铸制备的 50 mm×30 mm×3 mm×R4 mm 矩形断面铜包铝复合棒材，采用表 2-9 所示的 2 号压下制度 5 道次平辊冷轧成形的铜包铝复合扁排如图 2-71(a)所示。由图可知，轧态扁排的侧边部有明显的褶皱，横断面尺寸不规整，因而需要对轧制成形的铜包铝扁排进行精整拉拔，以改善表面质量和精确控制横断面尺寸。

轧后扁排经 1 道次的精整拉拔后，其形貌如图 2-71(b)所示。拉拔过程的变形量较小，厚度方向压下量为 0.2 mm，宽度方向压下量为 1.2 mm，拉拔后断面尺寸为 60 mm×8 mm×R4 mm。由图中可以看出，拉拔对扁排侧边部表面质量的改善明显，有效消除了侧边部的褶皱，显著改善了扁排粗糙度，使扁排表面光滑，断面形状规整。

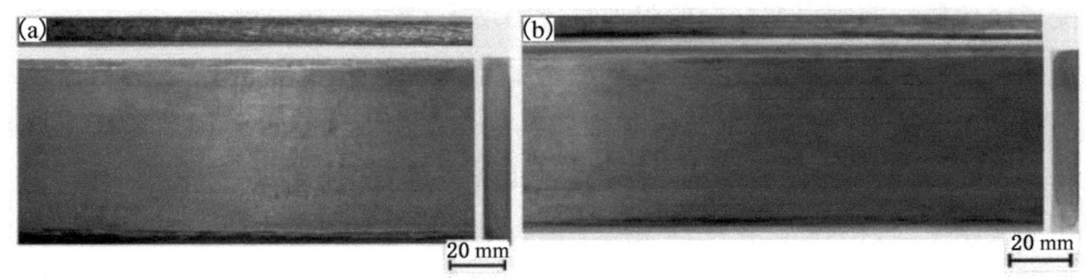

(a) 轧态；(b) 拉拔态

图 2-71　铜包铝复合扁排宏观形貌

2.15.3.4　轧制变形对界面的影响

对矩形断面铜包铝复合铸棒进行 4 道次轧制变形，轧制制度如表 2-10 所列。各道次轧制后试样的横截面形貌如图 2-72 所示。由图 2-72 可知，轧制变形过程中包覆铜层较均匀，铜铝在界面处没有发生肉眼可见的裂纹、分离现象。

综上所述，虽然铜包铝复合扁排的延伸率和电学性能低于纯铜扁排，但密度和原材料成本显著低于纯铜扁排。当考虑扁排常用作传输高频电流或交流大电流，此时存在显著的集肤效应，铜包铝复合扁排的交流导电性能与纯铜扁排的差异减小。因此，铜包铝复合扁排可在较大范围内替代纯铜扁排。

此外，生产双金属复合板的方法还有：摩擦焊、反向凝固法、超声波焊接、磁力脉冲焊、旋弧焊、消失模铸造法、连续钎焊法、叠板热轧法、堆焊法、堆焊热轧法等。

目前，日、美、英、德等发达国家在金属层状复合材料的研究和生产领域取得了显著成功。由于设备能力高，工艺技术成熟，他们在层状金属复合材料的生产中多采用轧制复合技术。其主要产品是以有色金属和稀有金属为组分的层状复合板、管以及过渡接头，年产量在 20 万吨以上，而且产品质量好、尺寸精度高、生产效率高，可以实现连续化规模化生产。我国于 20 世纪 60 年代中期开始对层状复合材料进行研究，1968 年通过爆炸复合工艺成功试制了国内第一块双金属复合板。多年来，我国在异种金属和大面积层状金属制备技术的开发和复合工艺的研究方面取得了一些进展，但是与发达国家相比还存在着不小的差距。国内企业由于受到设备能力和技术条件的限制，单纯采用轧制复合技术生产复合板往往不能达到规定的技术要求，产品的成材率低、质量较差。所以现阶段我国的复合材料生产企业普遍采用爆炸＋轧制复合的方法。在爆炸复合工艺方面，我国与世界多数国家处于同一水平，爆炸复合的金属复合板产品已实现规格化、系列化和性能标准化。

表 2-10　轧制压下制度

压下制度	第 1 道次		第 2 道次		第 3 道次		第 4 道次	
	$\varepsilon_1/\%$	$\Delta h_1/mm$	$\varepsilon_2/\%$	$\Delta h_2/mm$	$\varepsilon_3/\%$	$\Delta h_3/mm$	$\varepsilon_4/\%$	$\Delta h_4/mm$
1	20.7	6.2	18.9	4.5	33.0	6.4	24.8	3.2

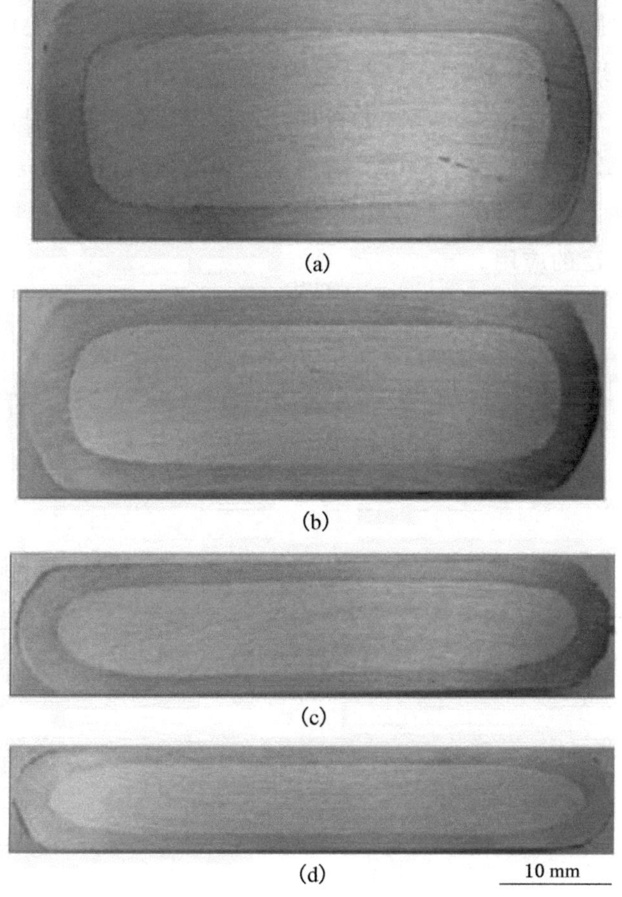

(a) 第1道次，总压下量20.7%；(b) 第2道次，总压下量35.7%；
(c) 第3道次，总压下量57.0%；(d) 第4道次，总压下量67.7%

图 2-72　各道次轧制后试样的横截面形貌

各种复合方法各有优缺点，无法完全相互替代，主要有以下方面的特点：

(1) 轧制复合和爆炸复合是当前生产复合板的主要方法，热轧复合的工艺相对比较成熟，冷轧复合对设备的要求较高，爆炸复合是一种较新的板带复合技术，具有复合界面不产生脆性过渡层的特点，但无法实现大规模连续生产。

(2) 20 世纪 80 年代以后，逆向凝固、电磁连铸等新型金属层状复合技术得到了广泛的关注和研究，反映了金属层状复合技术高效、低耗、连续、短流程化的新特点，代表着金属层状复合技术的新发展方向，但技术还不完善，许多技术难题还有待解决。

(3) 传统复合技术已经比较成熟，形成了一定的生产规模。以逆向凝固法、电磁连铸法为代表的新型复合技术流程紧凑，竞争力强，必将成为大批量、连续化生产层状复合板的主要方法。金属层状复合材料作为复合材料的一个分支，要在未来取得更大的发展，并列入规模生产品种的行列，还有一段艰难的路程，但由于它在性能方面所具有的优势，所以具有广阔的发展前景。相信随着科技的进步，新技术、新工艺的不断涌现，在不远的将来，金属层状复合材料必将在众多材料行列中占有一席之地，得到更加广泛的应用。

第3章　铜包铝复合材料铸造-冷挤压工艺

3.1　引言

本章提出了制备铜包铝复合线材的铸造-冷挤压工艺及异形截面形状的铜管的设计方法，以提高铜包铝复合材料的冶金结合性能。通过有限元模拟与试验相结合的手段对成形工艺过程、成形过程中的受力情况及成形后的微观组织等进行了详细的介绍。

3.2　铜包铝复合线材铸造-冷挤压生产工艺

3.2.1　铸造-冷挤压成形工艺的提出

常规的切削加工工艺，由于其材料利用率低、能耗大、生产效率低，尤其是使金属流线被切断，造成建树的强度和使用寿命下降。而塑性成形加工已经成为目前机械制造工业中不可或缺的加工方法，该方法的加工特点是金属材料在锻锤或压力机的作用下，经过塑性成形制成各种形状和性能的工件。制成的零件机械性能好，在大批量生产时生产成本低，因此塑性成形加工方法得到越来越广泛的使用。

长期以来，铜包铝线的制备都是采用包覆-挤压法，但在生产中存在的结合面结合程度不够的问题严重影响电缆高频信号的传输质量。究其原因，很可能是因为初始包覆的坯料界面间处于分离状态，即便再进一步经过挤压成形过程，也未能使铜、铝结合面发生充分的固相结合所致。国内外专家也对此进行了深入研究，提出在坯料阶段就实现铜、铝的固相结合，可以大大提高后续挤压生产制备出的铜包铝线的产品质量。C.G.Kang 提出采用铸造法制备复合线坯，并对后续的热挤压过程进行了有限元数值模拟和试验分析，验证了其可行性。吴春京教授提出了充芯连铸法制备铜包铝坯料，也实现了铜、铝的截面固相结合。鉴于以上成果的可行性研究，本章确定了铜包铝线的制备工艺为铸造-冷挤压法，即将铜管预热到 200～350 ℃，采用低压铸造或压力铸造工艺向铜管内压铸铝液，待坯料冷却再进行冷挤压加工。对于这种采用铸造法制备坯料，再进行冷挤压生产铜包铝复合线材的工艺研究还未见报道，因此对该工艺可行性的研究对实际生产具有指导意义。

3.2.2 拉拔与挤压成形工艺中的坯料受力情况分析

拉拔试件的受力和变形状态如图 3-1 所示。拉拔成形时，金属在拉拔力、正压力和摩擦力的作用下，变形区的金属基本上处于两向压应力（σ_r ，σ_θ ）和一向拉应力（σ_l）的应力状态。由于被拉金属是实心圆形棒材，应力呈轴对称状态，即 $\sigma_r=\sigma_\theta$。同样，变形区中金属所处的应变状态为两向压缩（$\varepsilon_r=\varepsilon_\theta$）和一向拉伸（$\varepsilon_l$）状态。

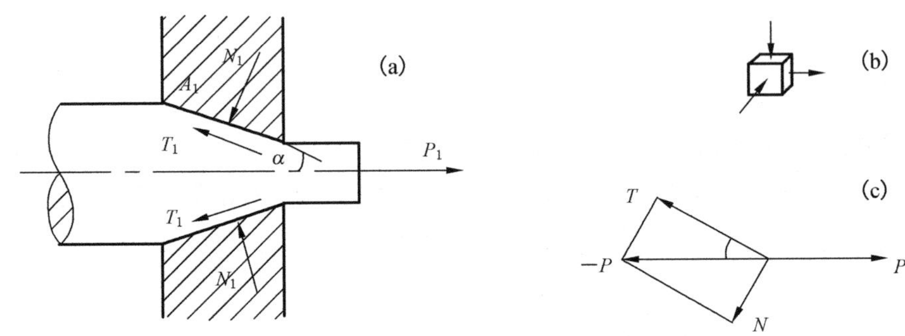

(a) 整体形变；(b) 微观受力；(c) 宏观受力

图 3-1 拉拔成形时试样的变形与受力状态

选用铸造-挤压成形工艺，挤压采用正向挤压法，挤压成形时变形区中的金属受挤压力 P 的作用，挤压时的试件的受力与变形状态如图 3-2 所示。挤压力 P 作用在被挤压试件的后端，它在变形区引起压应力。模壁给予试件的力有正压力 N 和摩擦力 T，作用在棒材的表面上，它们是由于试件在挤压力的作用下，通过模孔时，模壁阻碍金属运动形成的。正压力的方向垂直于模壁，摩擦力的方向平行于模壁且与金属的运动方向相反。在挤压力、正压力和摩擦力的作用下，变形区的金属处于三向压应力状态。

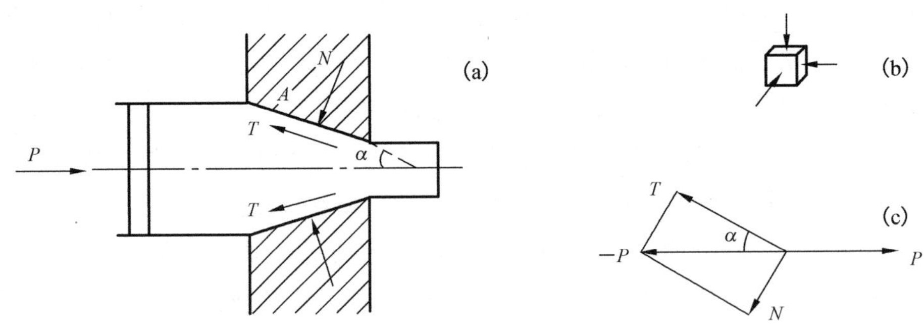

(a) 整体形变；(b) 微观受力；(c) 宏观受力

图 3-2 挤压成形时变形与受力状态

设 d_0 为挤压前原始直径，d_1 为挤压后直径，形变量 $n=d_0/d_1$，因为 $T=$

$P\cos\alpha$，因此，$T \approx A(d_1\eta - d_1)/2 \approx Ad_1(\eta - 1)/2$（$A$ 为金属面性质有关的常数）。通常，在模壁润滑状态好的条件下，摩擦力就会降低，其大小与形变量大小近似地成正比关系；由于 $N = T\tan\alpha$，因此，正压力随 α 角的增大而增大。正压力的大小直接与双金属结合程度有关，所以，在形变量大小一定的情况下，应选择较大的 α 角。另外，由于挤压力 $P = \sqrt{T^2 + N^2}$，当模壁润滑状态越好时，T 值可以降低，因此，提高模壁的润滑状态可有效地降低挤压力。

试样经首道挤压（拉拔）工艺成形后，后续需经多道次拉拔以达到使用所需的各种直径尺寸。根据拉拔总变形量 Q 和平均拉拔道次变形量 q_p，可以用下面公式计算出拉拔道次 n：

$$n = \frac{\ln(1 - Q)}{\ln(1 - q_p)} \tag{3-1}$$

当分多道次拉拔时，虽然单次拉拔变形量小时的正压力不大，但多道次拉拔的正压力叠加可以增强结合程度，即在同样的条件下，双金属之间的结合程度与总变形量有关。

拉拔成形和挤压成形时的宏观力学平衡条件是一样的。但是，拉拔过程中要求拉拔应力要小于拉拔出来的线材的屈服强度，否则由模孔出来的线材会因屈服变形而使直径小于在模孔中所获得的尺寸，这在成型过程中存在一定的局限性。而挤压成形中，挤压力的大小就不受这个限制，所以挤压成形相较于包覆-拉拔成形工艺具有更宽泛的适用性。

铜包铝线性能的优劣好坏与界面处是否具有较强的结合有关，要防止因界面结合不紧密而影响其导电性能。此外，考虑到铜、铝都有良好的塑性，在室温下就能够实现大的加工变形。如果采用热加工，虽然可以提高塑性性能，但为了避免成形过程中结合面的氧化，需要采用严格的防氧化装置，无形中增加了成形工艺的复杂性并提高了成本。因此，提出采用低压铸造-冷挤压加工工艺，具体工艺设计及工艺流程将在下面的章节进行详细介绍。

3.2.3　冷挤压生产工艺设计

对铜包铝线的形状特点进行分析可知，铜包铝线断面形状对称。根据坯料直径为 100 mm，挤压制品的直径为 42.83 mm，计算得到断面缩减率为：

$$\varepsilon_A = \frac{A_0 - A_1}{A_0} \times 100\% = \frac{100^2 - 42.83^2}{100^2} \times 100\% = 81.66\% \tag{3-2}$$

根据减径挤压一次成形范围参考，该断面缩减率未超出需用变形程度，因此可一次成形。具体的冷挤压工艺过程如下：

(1) 毛坯的制备：如上所讲，将铜热挤压成要求壁厚结构的铜管，再采用铸造法制备铜包铝挤压坯料。

(2) 坯料的表面处理和润滑：用砂轮清洁毛坯表面，用氢氧化钠去除表面油污，再用冷水、温水清洗，进行酸洗和磷化处理。最后，用工业凡士林和石墨粉、机油混合对坯料进行润滑处理。

(3) 挤压成形：在此过程中要注意到挤压机的选择和挤压速度的控制。

(4) 余料切除：挤压终了阶段，为保证产品质量，都要留有一定的挤压余量，在挤压结束时，要通过挤压机上的余料切除装置将余料切除。

3.2.4 冷挤压生产工艺流程

通过对国内外铜包铝线生产工艺的分析，在参考大量文献的基础上，初步拟定铜包铝线挤压生产工艺流程，如图 3-3 所示。

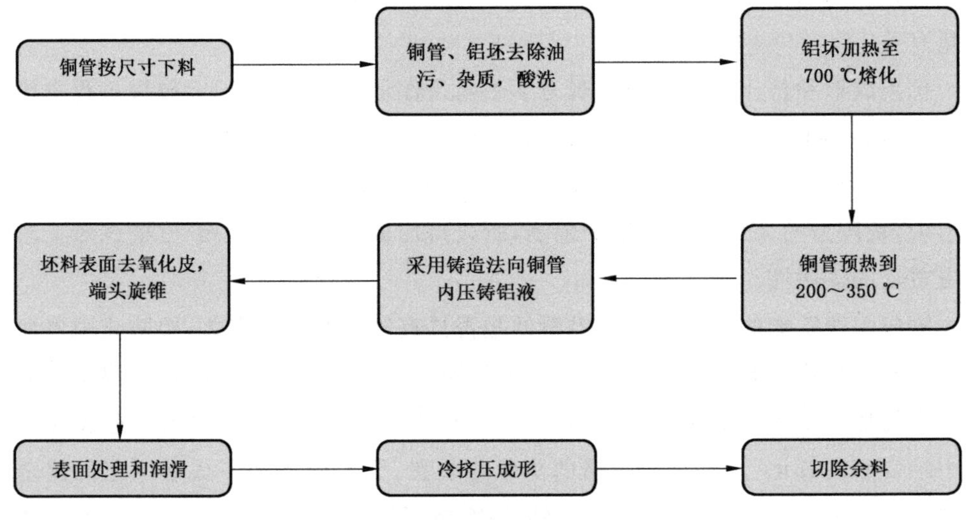

图 3-3 铜包铝线生产工艺流程

3.3 挤压过程中的计算与主要工艺参数分析

3.3.1 计算确定挤压毛坯尺寸

在挤压生产中，为了得到满意的挤压产品，必须合理地设计挤压坯料尺寸和挤压比。根据用户提供尺寸，铜管外径为 $D_0=100$ mm，长 $L_0=1000$ mm，挤出尺寸为 $d_0=42.83$ mm。根据《铜包铝线》标准(SJ/T 11223—2000)和用户提供数据，可得坯料内径。由于材料采用刚塑性模型，假设变形前后体积不发生变化，则由铝在变形前所占的体积比为 85%，得：

$$\pi r_0{}^2 \times 1\ 000 = \pi \left(\frac{100}{2}\right)^2 \times 1\ 000 \times 0.95 \tag{3-3}$$

$$\Rightarrow r_0 = 46.1\ \text{mm 即}\ d_0 = 92.2\ \text{mm}$$

此时的挤压比为：

$$\lambda = \frac{A_0}{A_1} = \frac{\pi \left(\frac{100}{2}\right)^2}{\pi \left(\frac{42.83}{2}\right)^2} = 5.45 \tag{3-4}$$

挤压件变形程度可按以下公式计算：

$$\varepsilon_A = \frac{D_0 - D_1}{D_0} \times 100\% = 81.66\% \tag{3-5}$$

式中：

ε_A ——断面收缩率(%)；

D_0——挤压前的毛皮外径，D_0=100 mm；

D_1——挤压件的外径，D_1=42.83 mm。

3.3.2　挤压力的计算

根据挤压力计算公式：

$$P = pF = ab\sigma_s \left(\ln\lambda + \mu \frac{4L_t}{D_t - d_Z}\right) \frac{\pi}{4} D_t{}^2 \tag{3-6}$$

式中：

μ ——摩擦因子，取为 0.12；

a ——合金材质修正系数，取 a=1.5；

b ——断面形状修正系数，取 b=1.0；

L_t ——坯料填充后的长度，取 1 000 mm；

d_Z ——穿孔针的直径，取 0；

D_t ——挤压筒的直径；

σ_s ——材料的屈服应力，紫铜和铝在常温下的 σ_s 分别为 220 MPa 和 100 MPa；

λ ——挤压比。

当取 σ_s=220 MPa 时，代入公式(3-6)，得到：

$$P = pF = 1.5 \times 1.0 \times 220 \times \left(\ln 5.45 + 0.12 \times \frac{4 \times 1\ 000}{100}\right) \frac{\pi}{4} \times 100^2 = 1\ 687.3\ \text{t}$$

当取 $\sigma_s=100$ MPa 时，代入公式(3-6)，得到：

$$P=pF=1.5\times1.0\times80\times\left(\ln5.45+0.12\times\frac{4\times1\,000}{100}\right)\frac{\pi}{4}\times100^2=613.5\ \text{t}$$

由于实际挤压坯料为铜包铝，且铜的比例仅占小部分，所以挤压力要大于 613.5 t 而小于 1 687.279 0 t，取为 1 000 t。

3.3.3 挤压速度的计算

所谓挤压速度，就是金属从模孔(d_1)中被挤出的速度，坯料变形示意图如图 3-4 所示。

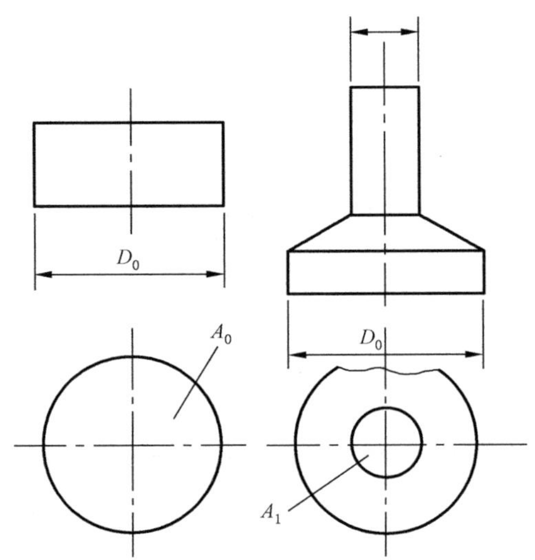

图 3-4 坯料变形示意图

根据体积不变的条件，可列出下列等式：

$$v_0A_0=v_1A_1 \tag{3-7}$$

故挤压速度为：

$$v_1=\frac{A_0}{A_1}\cdot v_0 \tag{3-8}$$

其中：

$$A_0=\frac{\pi D_0^2}{4} \tag{3-9}$$

$$A_1=\frac{\pi d_1^2}{4} \tag{3-10}$$

式中：

v_1 ——金属的挤压速度(mm/s)；

v_0 ——滑块运动的速度(mm/s)；

A_1——挤压制品截面面积(mm^2)；

A_0——挤压坯料截面面积(mm^2)。

比值$\frac{A_0}{A_1}$定义为挤压比 λ，则：

$$\lambda = \frac{A_0}{A_1} = \frac{1}{1-\varepsilon_A} \tag{3-11}$$

故：

$$v_1 = \lambda v_0 \tag{3-12}$$

从挤压速度的计算公式中可以看出，金属被挤出模孔(d_1)的速度，是由压力机滑块运动的速度(v_0)和挤压比(λ)来决定的。

3.3.4 冷挤压模具的设计

本冷挤压采用的模具结构及其相关尺寸如图 3-5 所示。

(1) 模角 2α 的确定：对于双金属挤压，可通过直观的双金属挤压成形的极限参数曲线图来判断半模角 α 的取值范围。对于计算的断面收缩率 $\varepsilon_A = 81.66\%$，对应的半模角 $\alpha = 15°$，则 $2\alpha = 30°$。

(2) 工作带长度 l_1：工作带长度又称为定径带，是用以获得制品尺寸和保证表面质量的关键部位。工作带的长短直接影响到制品的质量，若工作带过短，则模子易磨损，影响使用寿命；若工作带过长，在其上易黏结金属，使产品表面产生划伤、毛刺和麻面等缺陷，而且挤压力也增大，确定工作带长度为 $l_1 = 10$ mm。

(3) 模口尺寸：为方便设计模口的尺寸，通常用综合余量系数考虑各种因素对制品尺寸的影响。由模口尺寸计算公式得出模口直径，即：

$$A = A_0 + CA_0 \tag{3-13}$$

通过参考资料查得紫铜的 C 值的取值范围 0.017～0.020。计算得到模口尺寸为直径为 ϕ12.97 mm。

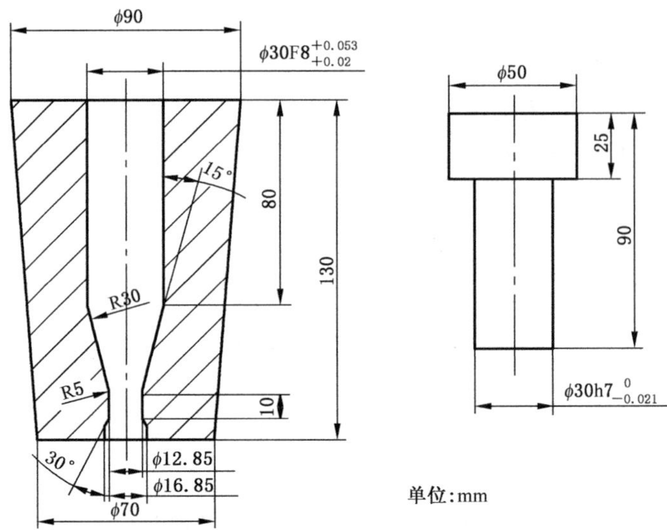

图 3-5　挤压模具结构及其尺寸

(4) 入口圆角半径 r:在工作带模孔入口处设有圆角,该圆角可以防止低塑性的合金在挤压时产生裂纹,同时减少金属的非接触变形;也可以防止在高温下模具棱角被压秃或压堆变形,从而保证制品的尺寸精度。r 值的选取主要与被挤压金属的强度、挤压温度、制品断面的尺寸大小有关,其取值的范围见表 3-1。模具直接接触金属是铜管,模拟过程中取值为 5 mm。

(5) 模孔出口处直径:模孔出口处直径一般比工作带的模口直径大 4～5 mm。对于型材挤压模来说,为了保证工作带部分的抗剪强度,工作带模孔与出口处的过渡部分可圆弧连接,也可以做成左右 30°的平面。模具设计为 30°平面。

表 3-1　各种合金挤压模具圆角半径 r 值(mm)

被挤压的合金材料	r 值	被挤压的合金材料	r 值
铝及其合金	0.40～0.75	镍及其合金	4.0～8.0
铜及其合金	2.0～5.0	镁合金	1.0～3.0

3.3.5　异形截面铜管铜包铝线设计

为了克服现有技术存在铜铝冶金结合技术上的不足，提供几种异形截面铜管铜包铝线，在对铜管结构进行优化设计的基础上，使得铜包铝线能够获得较好的冶金结合质量。

根据挤压模的形状和尺寸，将包覆材料铜预制成壁厚均匀的铜管，铜管的内表面形状如图 3-6 所示，其中：(a) 普通圆铜管，(b) 内壁为圆弧状槽铜管，(c) 内壁为 U 形槽铜管，(d) 内壁为 T 形槽铜管，(e) 内壁为带扇形孔的网状铜管，(f) 内壁带螺旋线形凸筋铜管。

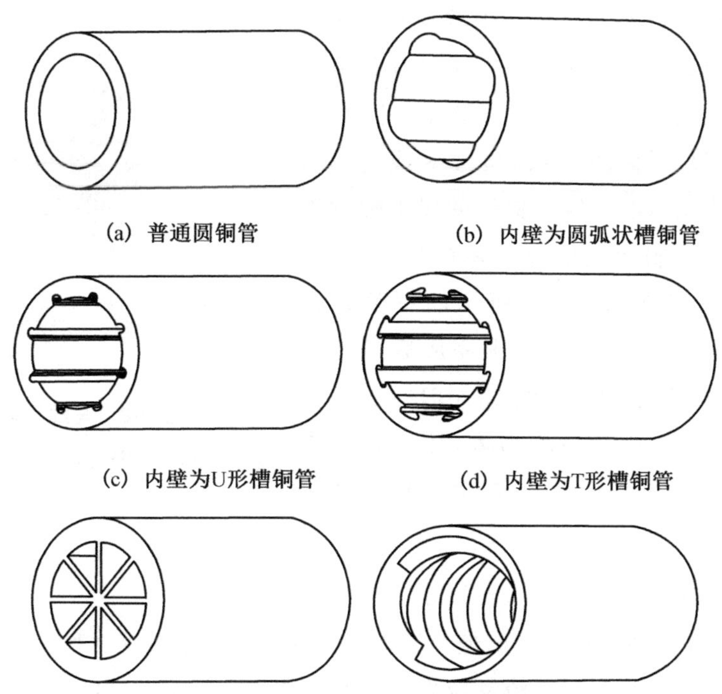

(a) 普通圆铜管　(b) 内壁为圆弧状槽铜管

(c) 内壁为U形槽铜管　(d) 内壁为T形槽铜管

(e) 内壁为带扇形孔的网状铜管　(f) 内壁带螺旋线形凸筋铜管

图 3-6　各种截面形状铜管示意图

不同内壁形状铜管截面的相关尺寸可设计成如图 3-7 所示。

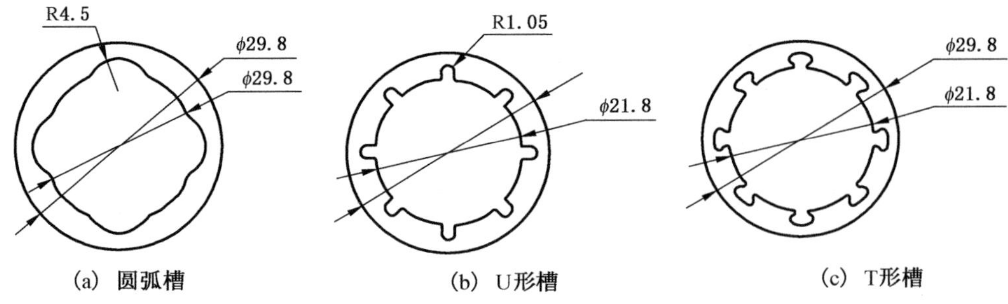

(a) 圆弧槽　(b) U形槽　(c) T形槽

图 3-7　铜管横截面尺寸

3.4　铜包铝复合线材挤压成形的数值模拟

3.4.1　几何特征和有限元模型的建立

由于 DEFORM-3D 软件不具备三维造型功能，所以物理模型要在其他三维软件中建立。在此过程当中，要注意到 DEFORM-3D 软件操作环境的坐标系与 Pro/E 软件中默认的坐标系相同。在有限元模型建立过程中应尽量利用问题的对称性，提高运算的效率和精度。因此对于对称体可以取整体的 1/2、1/4、1/8 或更小的体积来模拟真实情况。铜包铝线就属于轴对称问题。以两端非封闭的铜包铝坯料为例，选择整体的 1/4 来建立如图 3-8 所示的有限元模型。三维视图在 Pro/E 软件中完成后另存为[STL(*.stl)]类型，并修改[ChordHeight]与[AngleControl]栏中的值均为零，接受缺省值的确认，进而.stl 文件即可生成，并以信用证文件的形式保存在文件夹中。

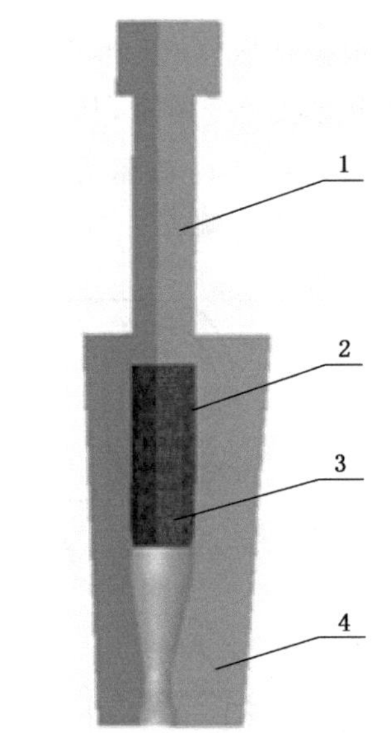

图 3-8　有限元模型

1—凸模；2—铜管；3—铝芯；4—凹模

3.4.2　材料属性的设置

DEFORM 自备的材料库模型为刚塑性。在材料库中对每一种支持的材料提供了不同温度和应变率下材料流动应力应变曲线和热膨胀系数、弹性模量、泊松比、比热、热导率等温度变化的曲线。所用材料为紫铜和纯铝，两种材料在室温下的典型力学性能如表 3-2 所示，自定义紫铜的流动应力曲线及调用 DEFORM 材料库中纯铝的流动应力曲线如图 3-9 所示。

表 3-2　材料的性能参数

类别	抗拉强度/MPa	0.2%屈服强度/MPa	伸长率/%	硬度 HBS/MPa	弹性模量/GPa	泊松比
紫铜	200～240	60～80	45～50	35～45	107.9	0.35
纯铝	80～100	30～50	35～40	25～30	68	0.3

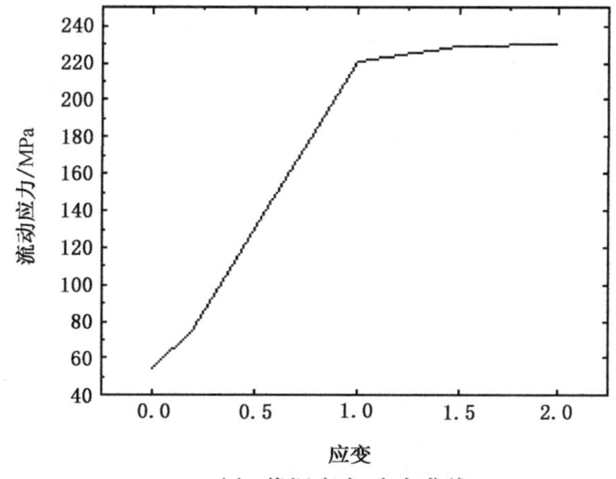

(a) 紫铜应力-应变曲线

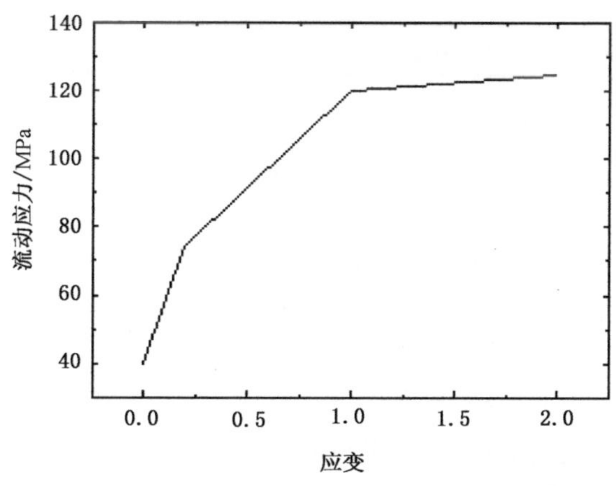

(b) 纯铝应力-应变曲线

图 3-9　初始材料的应力-应变曲线

3.4.3　模拟控制的设定及网格的划分

模拟过程中为达到计算准确并节省模拟时间的目的，模拟计算步长的确定是十分重要的，DEFORM 软件规定了两种计算步长的方式，分别由时间和模具行程来决定。对于模拟将采用行程控制步长进行计算，具体设定如图 3-10 所示。根据试验所用液压机的工作能力，确定模拟用凸模的速度为 7 mm/s。还要考虑到压下余量，压余的选择通常取坯料长度的 10%～20%，本模拟中取压余量为 10 mm。

DEFORM 网格划分命令可以生成四面体单元，并且重划分的网格类型只能为四面体网格，这种四面体单元适合于表面成形。为了模拟的准确性及对称性，网格的划分要尽量保持大小均匀一致，因此采用自定义模式进行网格划分。同时，在模拟过程中常会出现在某一增量步因网格重划分失败而导致模拟停止，遇到这种情况时要退回几步进入到前处理，进行网格手动重划分后，再编辑提交，继续进行运算。有限元模型的网格划分情况如图 3-11 所示(以半封闭铜管结构的坯料为例)。在模拟中上、下模具为刚体，不考虑其变形，故不需要进行网格划分。

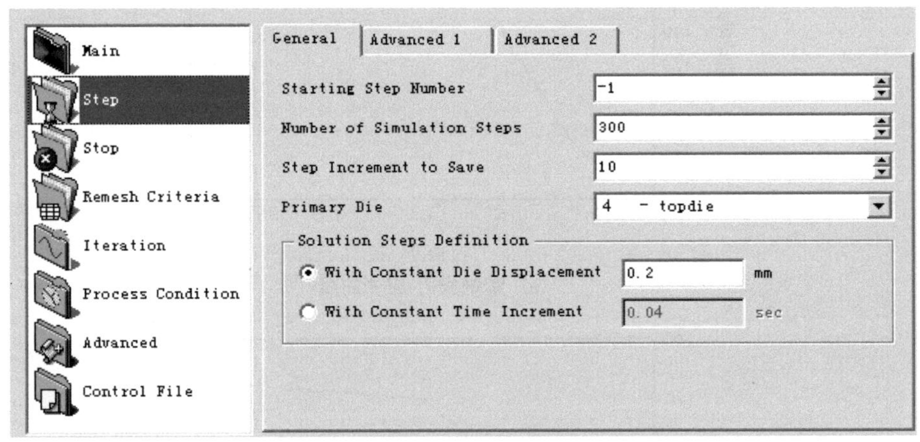

图 3-10 模拟控制设定

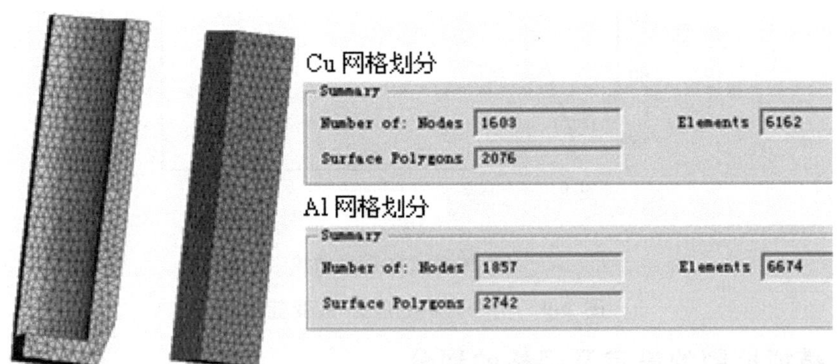

图 3-11 坯料网格的划分

3.4.4 边界条件的处理

广义的外部边界条件包括有关温度、相对位置、对象间关系的定义，边界条件的处理和摩擦因子的设定等多方面内容。所涉及的主要边界条件的设定如下：

(1) 环境温度：工艺方案为冷挤压，所以环境温度即为室温 20 ℃。

(2) 摩擦边界条件：冷挤压成形中的变形属于体积成形，接触压力较大，故采用剪切模型模拟摩擦。并且在本模拟中存在两个变形体和两个刚体，所以要分别定义变形体与刚体及变形体与变形体之间的接触摩擦条件。坯料铜包铝的制备采用铸造法得到，挤压前结合面处已经有了预先结合，因此将摩擦因子设定为 1，模型中几何实体间具体的摩擦情况如表 3-3 所示。

表 3-3　实体间摩擦关系

物体	关系	分离	摩擦因子
Bottomdie-Cu	主-从	是	0.12
Topdie-Cu	主-从	是	0.12
Topdie-Al	主-从	是	0.12
Cu-Al	—	否	1

(3) 边界条件：在模拟中为了节约模拟时间，将采用坯料的 1/4 进行建模，要保证模拟的准确性就要正确设定对称面边界条件。DEFORM 中边界条件的设定选项为 BCC 菜单栏中的 Symmetry plane，如图 3-12 所示，选择面上点选项，通过添加对称面的法向矢量完成对称边界条件的设定。

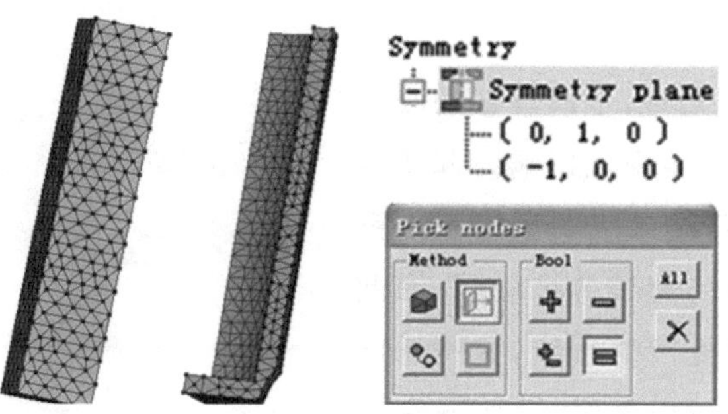

图 3-12　对称面的设定

3.4.5　工况设置及求解运算

在工况设定选项中主要设定项为 Main、Step 及 Iteration。在 Main 中将单位设为国际单位制，模拟步则如前所示，通过计算对时间控制步长进行设定。求解运算对应 Iteration 菜单，其下级求解、迭代方法设定如图 3-13 所示。铜包铝挤压模拟属多个变形体的特殊情况，从图中可以看出，在该情况下应用松弛求解法(Sparse)，并利用直接迭代(Direct Iteration)来模拟。

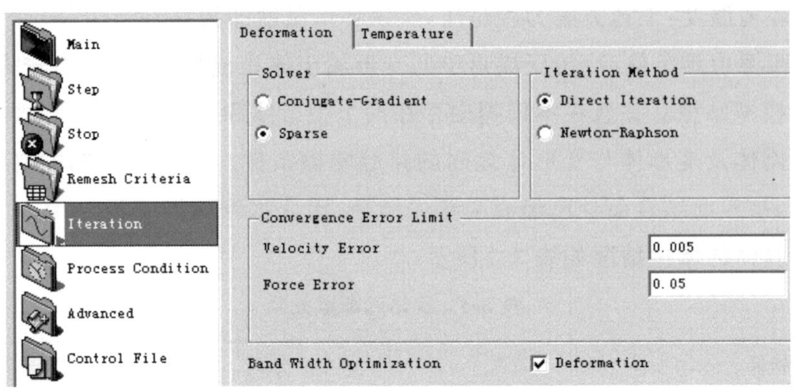

图 3-13 求解、迭代设定菜单

3.4.6 模拟结果分析与讨论

3.4.6.1 模具结构的设计与改进

冷挤压加工时,金属材料(常温状态)在压力作用下被挤入模具型腔,进而充满模具型腔,当金属从模具型腔中挤出后会产生回弹,同时为了保护挤压制品的表面质量,模具出口处的直径要略大于模具工作带处直径,且模具出口部分设计为锥形开口。通过有限元数值模拟发现,若不采用此结构,不仅会影响到制品表面质量,还会由于出口处模具与制品的摩擦作用,使制品在出口处产生严重弯曲现象,模拟结果如图 3-14 所示。

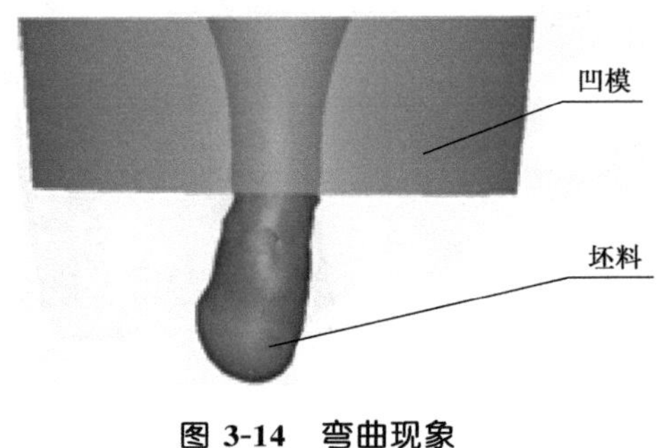

图 3-14 弯曲现象

此外,通过模拟发现,半模角 α 的改变对金属制品质量会产生很大影响。起始确定 $\alpha=25^\circ$ 进行模拟,结果表明该情况下铜皮表面等效应力值已超过抗拉极限,因此在欲进入模具入口处产生裂纹,且挤压筒部分铜皮内表面褶皱现象明显,如图 3-15(a)所示。再次参考双金属冷挤压断面收缩率-半锥角曲线,确定 $\alpha=15^\circ$ 进行模具结构的修改,此时的等效应力值在抗拉强度范围之内,铜皮表面未发生断裂,且模拟制品表面质量良好,铜管内表面光滑,能够保证铜管与铝芯的同心性,模拟结果如图 3-15(b)所示。

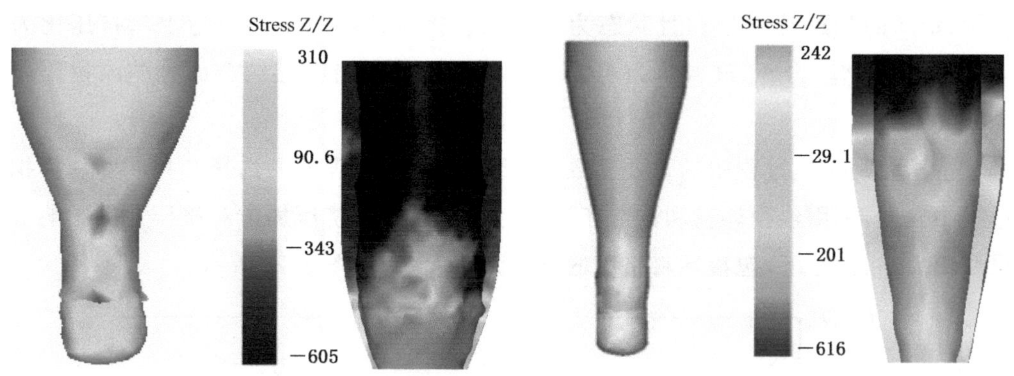

(a) $\alpha=25°$ 时，铜皮表面裂纹与内表面褶皱现象　　(b) $\alpha=25°$ 时，铜皮内、外表面示意图

图 3-15　褶皱现象

通过选择多个模角值进行模拟结果分析，最终确定模拟及试验所用模具结构如图 3-16 所示。

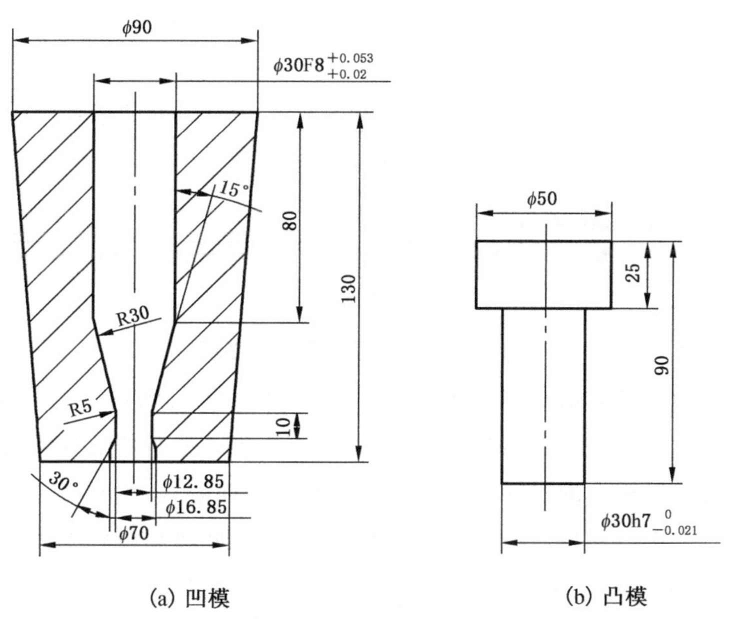

(a) 凹模　　(b) 凸模

图 3-16　挤压模具结构

3.4.6.2　铜包铝线的包覆坯料与铸造坯料挤压比较

模拟用坯料尺寸要求如下：紫铜管长度 $L=60$ mm，外径 $D=29.8$ mm，壁厚 $t=4$ mm，芯部充满纯铝。挤压温度为室温 20 ℃，挤压速度 20 mm/s，工作带长度 10 mm。铜管外表面与凹模之间采用良好的润滑，摩擦因子取 0.12，凸模与坯料上表面的摩擦因子为 0.1；包覆坯料铜、铝之间的摩擦因子为 0.25，状态为分离；铸造坯

料铜、铝间的摩擦因子为 1，且状态为不分离。挤压凹模的半模角为 15°，挤压比为 5.45，断面收缩率为 81.66％。为了表达方便，以下定义铜、铝结合面处的摩擦因子为 m'。

挤压力是挤压过程中的重要参数，直接影响到所用设备的选择和控制。从模拟过程中发现，采用包覆坯料和铸造坯料进行铜包铝的冷挤压加工对挤压力的影响效果并不大，相比之下，包覆坯料挤压的挤压力略大些，如图 3-17 所示。

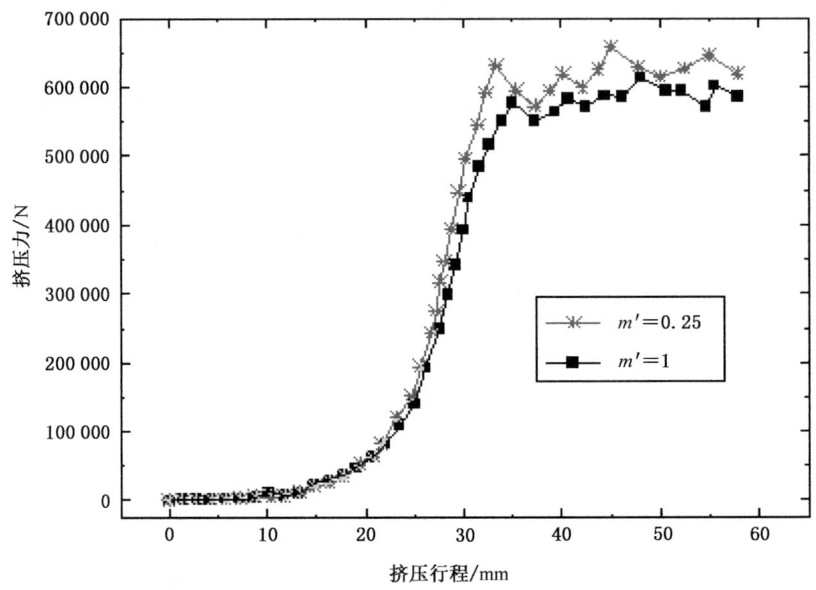

图 3-17　挤压行程-挤压力曲线

铜包铝线用于高频信号的传输，导电率是影响信号传输质量的重要因素，而影响导电率的因素除铜、铝的体积比例外，还包括铜、铝界面间的结合紧密程度。为考察两种坯料加工过程中的径向应力值，取铜、铝结合面处一点(10.9，0，68)进行加工过程的径向应力跟踪模拟。通过模拟结果可以看出(见图 3-18)，铸造坯料的最大径向压应力值为 389.582 MPa，大于包覆坯料的最大径向压应力值为 309.449 MPa，且径向压应力的最大值均发生在锥角区的入口处。这说明铸造所得坯料由于界面间预先的固相结合，阻碍了铜、铝的相对滑动，在相对较高的压应力作用下可以获得更为紧密结合的铜包铝挤压制品。

如图 3-19(a)所示点(10.9，0，68)在进入锥角区并达到最大值时的位置，并通过图 3-19(b)对此时的点 P 进行力学分析，解释了两种情况下的径向应力峰值不同的原因。选取包覆挤压时的芯部铝作为分析对象，分析结果如图 3-19(b)所示。包覆挤压时，在进入锥形区后铜、铝之间就会产生较大的相对滑动，且铝先于铜流出，此时 P 除了受到径向的压应力 σ_r 之外，还受到沿结合面方向的摩擦力作用 f，同时 f 会产生一个水平方向的分量 f'，f' 对结合面产生的径向应力与径向压应力 σ_r 反向，所以会抵消一部分径向应力的作用效果；而铸造-挤压时，铜铝之间预先结合，阻碍了界面上铜和铝之间的相对滑动，因此会出现包覆挤压时的径向应力峰值小于铸造-挤压。

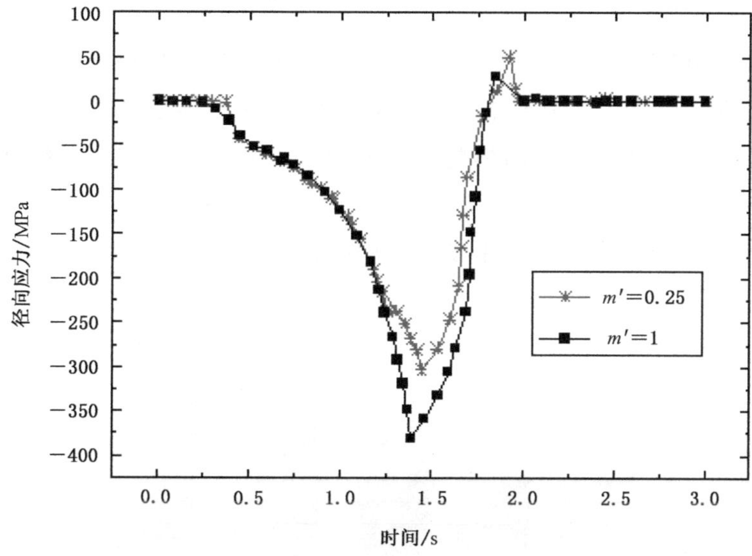

图 3-18　时间-径向应力曲线

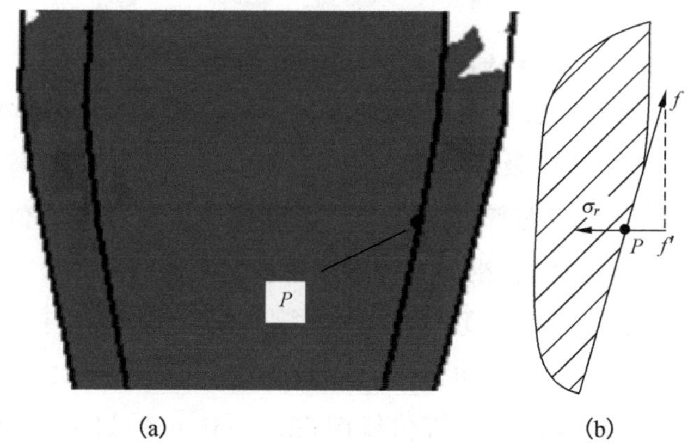

图 3-19　铜铝结合面上点的受力分析

通过以上两项重要参数的对比，可得出铸造坯料冷挤压制备的铜包铝线质量更优。

3.4.6.3 铜管为非半封闭结构的模拟结果分析

本模拟中主要进行了铜管壁厚分别为 4 mm、3.5 mm 和 3 mm 的铸造铜包铝坯料的冷挤压模拟，目的在于考察润滑条件良好的情况下，铜管壁厚对挤压制品铜、铝界面结合程度、挤压制品表面质量和挤压力的影响效果，以及验证采用冷挤压法制备该产品的可行性。

为了便于同试验结果对比分析，挤压温度为室温 20 ℃，模拟采用挤压速度 7 mm/s，紫铜管长度 $L=60$ mm，外径 $D=29.8$ mm，壁厚 $t=4$ mm、3.5 mm 和 3 mm，芯部充满纯铝。工作带长度 10 mm。铜管外表面与凹模之间采用良好的润滑，摩擦因子取 0.12，凸模与坯料上表面的摩擦因子为 0.1；铸造坯料铜、铝间的摩擦因子为 1，状态为不分离。挤压凹模的半模角为 15°，挤压比为 5.45，断面收缩率为 81.66%。

以 4 mm 厚铜管的铜包铝坯料为例，挤压过程如图 3-20 所示。

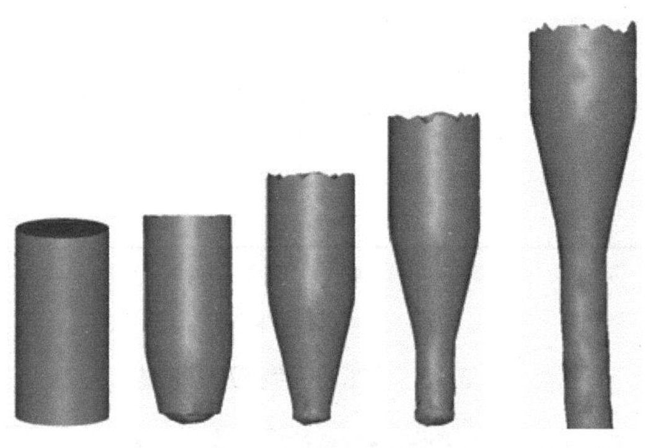

图 3-20 铜包铝挤压过程示意图

(1) 等效应力：选择铜管厚度为 4 mm 进行等效应力分析，在后处理中提取位移为 33.05 mm 时的等值线图及实体分布图，如图 3-21 所示。观察等效应力分布图，不难发现由于铝较软，所以芯部铝区域的应力值比铜区域的应力值小，这由材料性质决定，这一点也很容易从铜、铝的本构方程中得到理解。

(2) 轴向应变：选择铜管厚度为 4 mm 进行后处理分析。经有限元模拟，选择后处理中的轴向应变(strain-Z/Z)作为分析变量，提取挤压位移为 30.05 mm 时的轴向应变实体分布图(solidcontour)及等值线图(linecontour)，如图 3-22 所示。从图中可以看出，当坯料进入锥角区后，芯部铝的轴向应变值大于外部铜的轴向应变值，也就是铝在轴线方向上的塑性应变要大于铜，所以铝先于铜流出，产生“冒出现象”。这从材料本身的性质也可以得到解释：铝相对铜较软，具有更好的塑性，所以更容易发生塑性变形,使得铝先于铜流出。

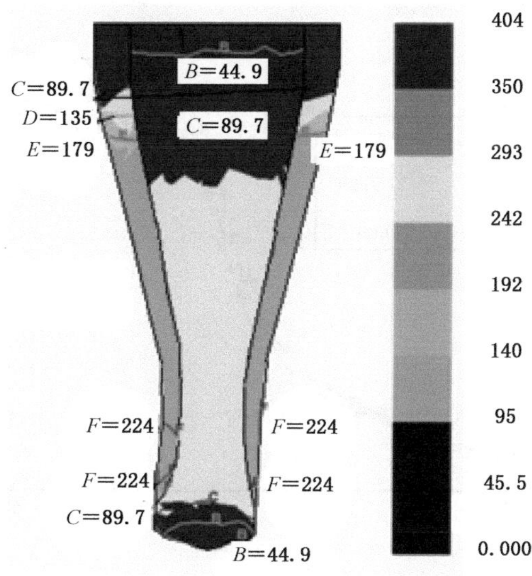

m=0.12;v=7 mm/s;*stroke*=33.05 mm(单位:MPa)

图 3-21 等效应力示意图

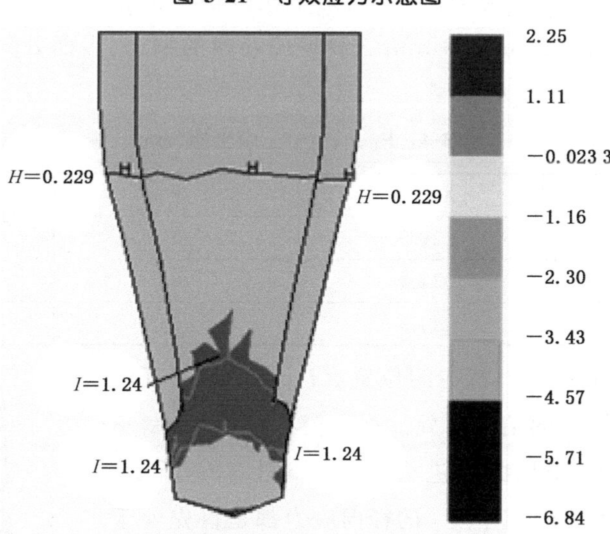

m=0.12;v=10 mm/s;*stroke*=30.05 mm(单位:MPa)

图 3-22 轴向应变示意图

(3) 铜管厚度对挤压力的影响:通过模拟得到铜管壁厚对挤压力的影响曲线,如图 3-23 所示。4 mm、3.5 mm 和 3 mm 厚铜皮坯料的挤压力分别为 60 t、54 t 和 50 t,可以看出铜管壁厚增加,挤压力随之增加。这主要是铜相对铝来讲更硬一些,所以铜包铝坯料中铜所占的比例越大,也就相对更难挤压,挤压力值也就增大。

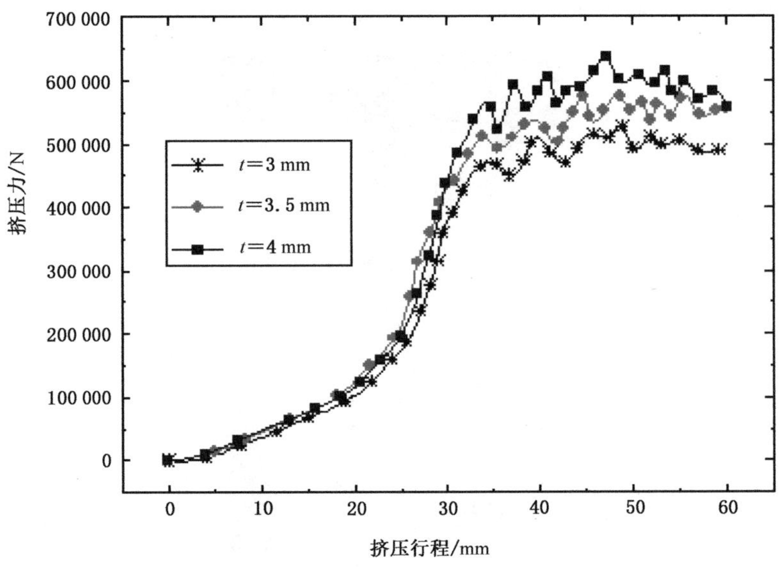

图 3-23　挤压行程-挤压力曲线

(4) 铜管厚度对径向应力的影响：为了模拟检验铜管壁厚对铜、铝界面结合程度的影响，在 4 mm、3.5 mm、3 mm 三种壁厚坯料的铜、铝界面处分别取点 P_1、P_2、P_3，三点坐标如表 3-4 所示。

表 3-4　P_1、P_2、P_3 三点坐标(mm)

点	X 坐标	Y 坐标	Z 坐标
P_1	10.9	0	68
P_2	11.4	0	68
P_3	11.9	0	68

如图 3-24 示意了 P_1 所在的位置。P_2、P_3 的位置同 P_1 相同，均位于铜铝的结合面处。提取模拟数据，绘制三点径向应力随时间变化曲线进行比较，如图 3-25 所示。分析得：挤压过程中 P_1、P_2、P_3 的径向应力都是首先处于压应力状态，其值逐渐升高，直至流进锥角区内时出现压应力最大值，随后压应力逐渐减小，在恰出模孔时出现数值很小的拉应力，这主要是由于铜铝金属流动速度的不同所致，最后走出模孔，应力为 0。同时可以看出，随着壁厚的增加最大径向压应力的数值增加，也就是说明在坯料体积不变的前提下，铜管越厚越有利于铜铝结合面的结合。

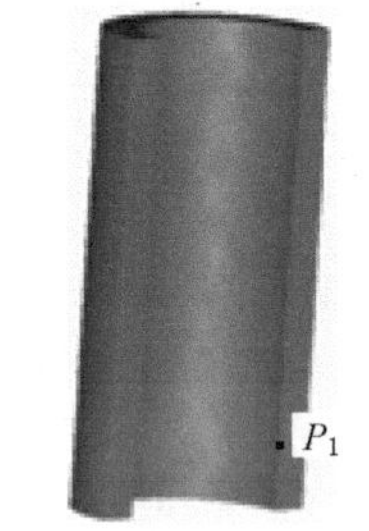

图 3-24　P_1 位置示意图

同样以 4 mm 厚铜管为例，位移为 33.05 mm 时的径向应力如图 3-26 所示。通过该图可以看出同一时刻不同部位的径向应力值。如图，在刚进入锥形区内的等值线 C 处出现最大径向压应力等值线 $C=-446$ MPa，在锥形区径向压应力逐渐减小，在模孔出口处出现较小的拉应力等值线 $H=48$ MPa。这再次说明铜、铝结合面的最大径向压应力出现在刚进入锥角处。

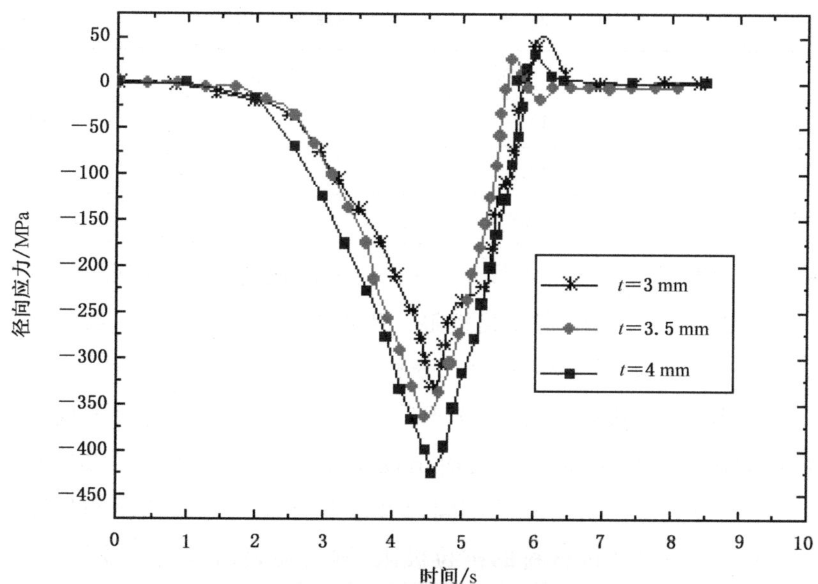

图 3-25　P_1、P_2、P_3 三点的时间-径向应力曲线

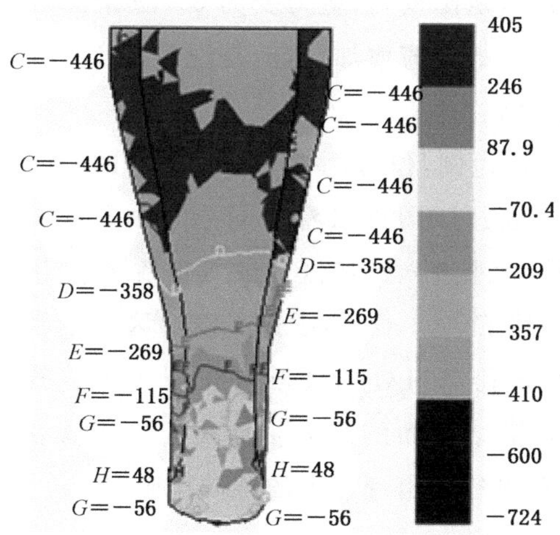

$m=0.12$；$v=10$ mm/s；$stroke=33.05$ mm（单位：MPa）

图 3-26　径向应力示意图

(5) 轴向应力:由于挤压坯料表面与凹模间的摩擦作用以及内外金属流动差的作用,常常使挤压制品表面产生裂纹,影响表面质量。本模拟目的在于分析铜管厚度对表面拉应力的影响,以及进一步的对表面质量的影响情况。为此分别在 4 mm、3.5 mm、3 mm 三种壁厚坯料的铜的外表面分别取点 P_1'、P_2'、P_3',三点坐标如表 3-5 所示。

表 3-5 P_1'、P_2'、P_3'三点坐标(mm)

点	X 坐标	Y 坐标	Z 坐标
P_1'	14.9	0	68
P_2'	14.9	0	68
P_3'	14.9	0	68

如图 3-27 示意了 P_1'所在的位置。P_2'、P_3'的位置同 P_1'相同,均位于铜的外表面,且在挤压过程中与凹模内壁相接触。提取模拟数据,绘制三点轴向应力随时间变化曲线进行比较,如图 3-28 所示。分析得:挤压过程中 P_1'、P_2'、P_3'的轴向应力都是首先处于压应力状态,其值逐渐升高,直至流进锥角区内时出现压应力最大值,随后压应力逐渐减小,在恰出模孔时出现拉应力,模孔出口处的轴向拉应力的产生主要是由于内外金属流动速度的不同以及坯料外表面与凹模之间的摩擦影响所致。该轴向拉应力一旦超过材料的抗拉极限,则会在表面出现裂纹缺陷,但通过模拟图看到,即使在铜管壁厚为 3 mm 时出现的最大轴向拉应力也在抗拉极限范围之内,所以未出现裂纹。最后走出模孔,应力变为 0。三条曲线对比可以看出,随着壁厚的减小,最大轴向拉应力的数值增加,也就是说明在坯料体积不变的前提下,铜管越薄越容易产生表面的裂纹。

同样以 4 mm 厚铜管为例,位移为 31.65 mm 时的轴向应力图如图 3-29 所示。通过该图可以看出同一时刻不同部位的轴向应力值。如图,在刚进入锥形区内的等值线 E 处出现最大轴向压应力等值线 $E=-315$ MPa,在锥形区向下轴向压应力逐渐减小,在模孔出口处出现轴向拉应力等值线 $H=108$ MPa。说明铜、铝结合面的最大轴向压应力出现在刚进入锥角处,且在模孔出口处出现最大的轴向拉应力。

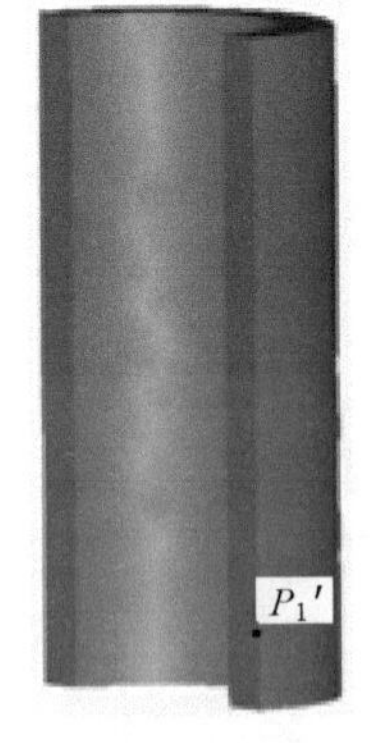

图 3-27 P_1'位置示意图

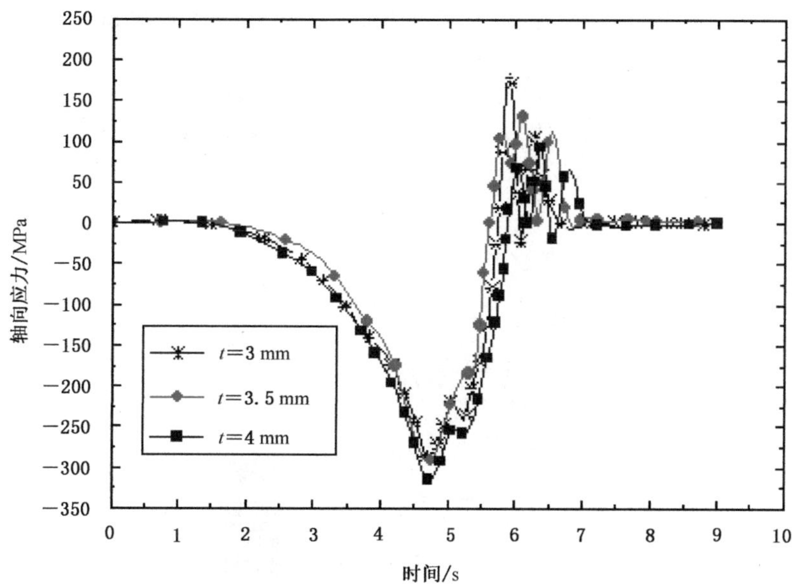

图 3-28　P_1'、P_2'、P_3'三点的时间-轴向应力曲线

(6) 铜管的减薄率计算：为了方便计算铜管的减薄率，定义以下公式：

$$t' = \frac{t_1 + t_2 + t_3 + t_4 + t_5 + t_6}{10} \tag{3-14}$$

$$\varepsilon = \frac{t - t'}{t} \times 100\% \tag{3-15}$$

式中：

t'　——挤压后壁厚数据的平均值；

$t_1, \cdots, t_6$——挤压后的壁厚测量值；

t　——挤压前铜管壁厚；

ε　——铜管壁厚减薄率。

通过以上公式，对挤压模拟后的测量数据进行计算，所得结果如表 3-6 所示。

表 3-6　铜管减薄率计算

模拟类型	t_1/mm	t_2/mm	t_3/mm	t_4/mm	t_5/mm	t_6/mm	t'/mm	ε/%
t=4 mm	1.9184	2.0588	2.0151	2.2508	2.2305	2.0454	2.0865	47.837
t=3.5 mm	1.4599	1.2695	1.2781	1.2285	1.4193	1.3032	1.3214	62.245
t=3 mm	1.3531	1.3557	1.2750	1.3368	1.1696	1.2133	1.2839	57.203

从以上数据看出，经冷挤压后，铜皮的厚度变薄，且减薄率在 50%～60%。

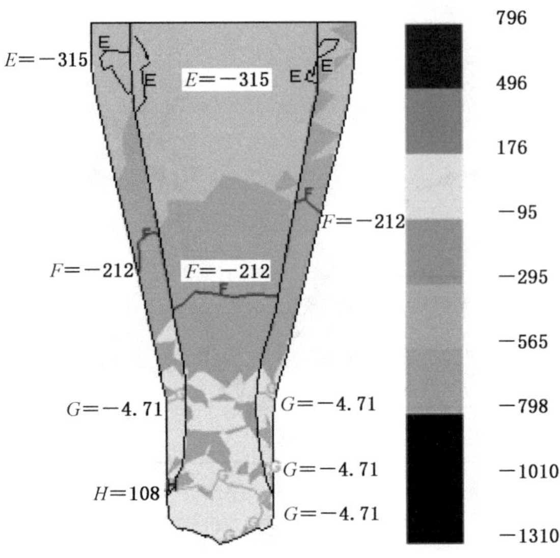

m=0.12；v=7 mm/s；$stroke$=31.65 mm（单位：MPa）

图 3-29 轴向应力示意图

3.4.6.4 半封闭结构铜管的模拟结果分析

通过模拟发现，由于铝比铜的流动速度快，又因预先结合的缘故，铜铝之间的摩擦很大，所以在端部会出现铝“冒出”现象，阻碍端部铜的金属流动，这样会造成端部的铜皮破裂现象明显，如图 3-30 所示。由此，改用半封闭结构铜管进行模拟，研究其成形过程。

分别改变铜管厚度 t=4 mm、3.5 mm、3 mm，挤压速度 v=7 mm/s，坯料与凹模之间的摩擦因子为 0.12，模拟环境同上。模拟出的表面质量如图 3-31 所示。从图中可以看出产品表面质量良好，并且端头处不再产生铜的破裂现象。

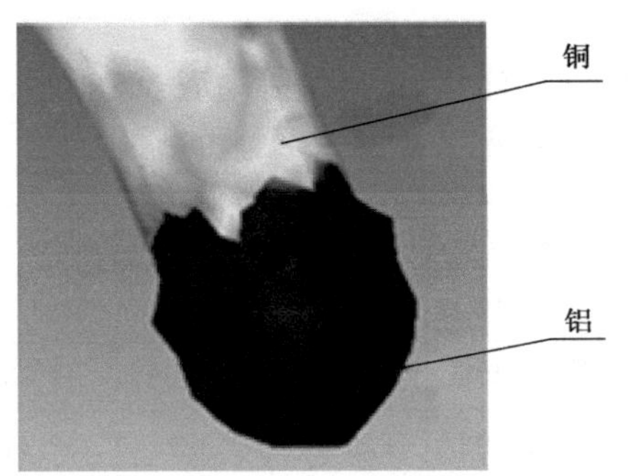

图 3-30 铜管端部开裂现象

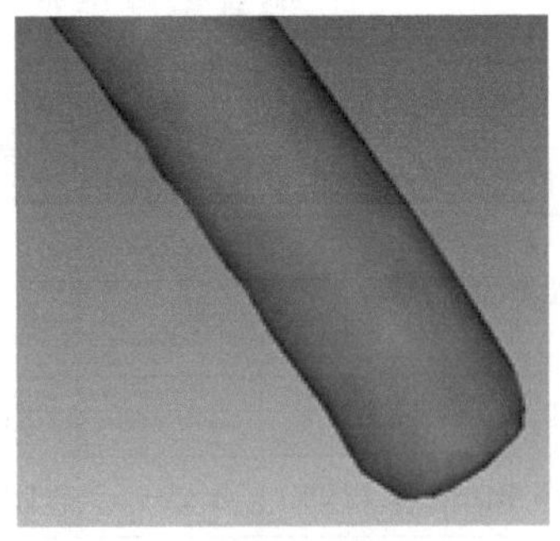

图 3-31 质量优良铜管端部

（1）挤压表面质量：采用半封闭铜管结构，不仅可以有效防止坯料在铸造过程的铝液外流，同时还可以得到光滑的端部，得到表面质量良好的铜包铝挤压制品，如图 3-32 所示。

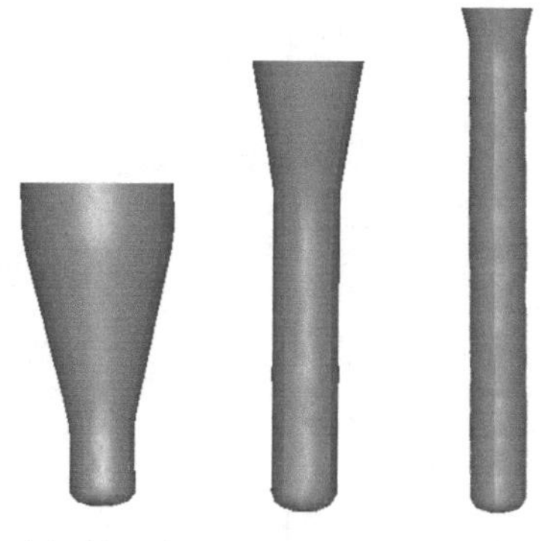

图 3-32　表面质量示意图

（2）铜管厚度对挤压力的影响：通过冷挤压过程的数值模拟，可以得到铜管厚度对挤压力的影响曲线，如图 3-33 所示。铜管厚度分别为 3 mm、3.5 mm、4 mm 的坯料达到稳定挤压阶段的挤压力数值分别约为 53 t、58 t 和 61 t，即可以得到同非封闭管相同的结论：铜管厚度越大，挤压力就越大。

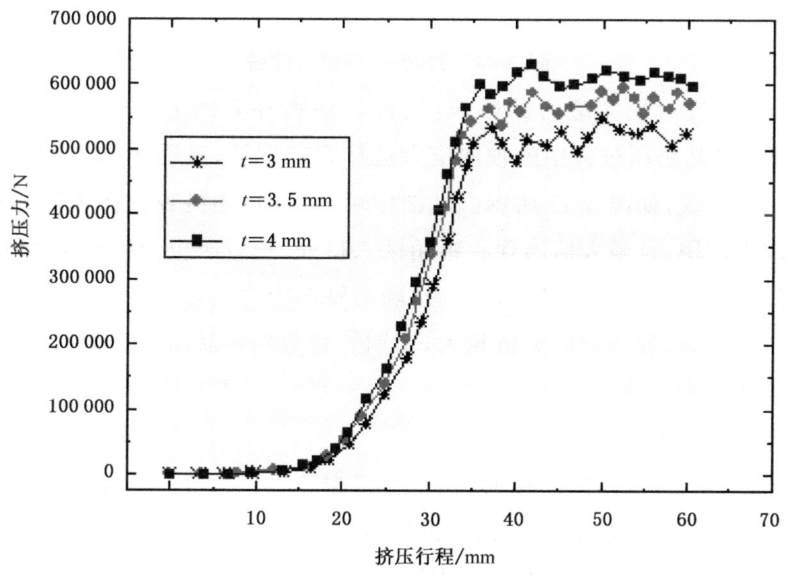

图 3-33　挤压行程-挤压力曲线

（3）铜管厚度对径向应力的影响：在三种壁厚的坯料上分别取铜铝界面上的一点(10.9，0，68)、(11.4，0，68)、(11.9，0，68)，位置与之前非封闭管结构坯料上的取点相同。得到径向应力比较曲线图，即图 3-34。从趋势上来看，和非封闭铜管的分析结论相同：铜管壁厚增大，在进入锥角处受到的最大压应力值越大，即铜铝界面上结合越紧密；从数值上与非封闭结构比较，差异很小，这说明铜铝结合面的结合程度受结构差异的影响较小，而仅与铜管的厚度有关。

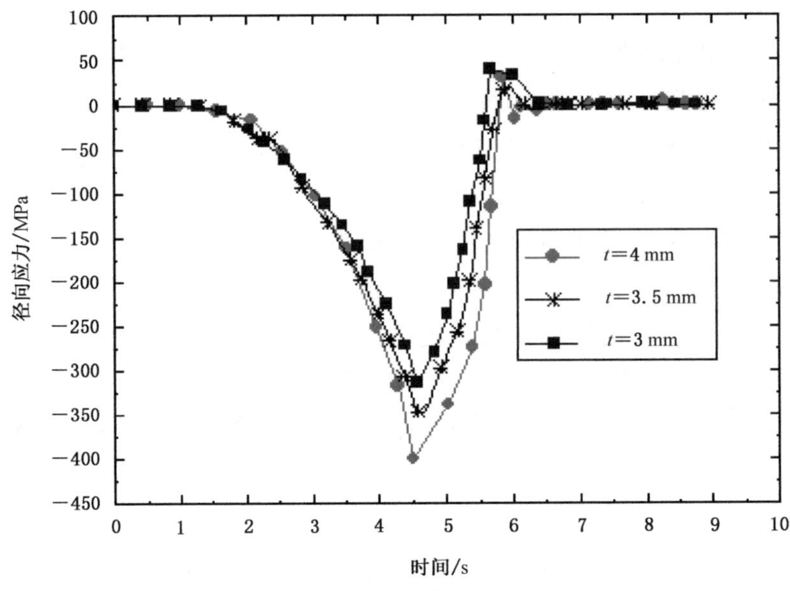

图 3-34 时间-径向应力曲线

(4) 铜管厚度对轴向应力的影响：同样取坯料外表面上坐标完全相同的三点(14.9,0,68)，对其挤压过程中的轴向应力进行跟踪记录，整理数据绘制出轴向应力随时间变化的曲线，如图 3-35 所示。从图中可以得出：坯料表面在未出模孔之前一直受到压应力作用，且最大值出现在锥角区入口处，随后压应力值逐渐变小，在流出模孔出口的时间内出现最大轴向拉应力，随后轴向应力变为 0。三条曲线比较来看，随着铜管壁厚减小，轴向拉应力值越大，即铜管越薄越容易出现表面缺陷，这与非封闭铜管坯料的分析一致。

3.4.6.5 模拟实际生产的挤压力分析

(1) 实际生产挤压模拟的有限元模型：根据 3.3.1 节的计算方法确定挤压毛坯尺寸，得实际生产坯料长 1 000 mm，铜管外径为 100 mm，内径 92.2 mm，挤压比 5.45，纯铝充满铜管内部。挤压温度为室温 20 ℃，挤压速度 7 mm/s，工作带长度 10 mm。铜管外表面与凹模之间采用良好的润滑，摩擦因子取 0.12，凸模与坯料上表面的摩擦因子为 0.1，挤压筒长度 1 300 mm，内径 112 mm，挤压余量 160 mm。根据以上要求建立如图 3-36 所示的实际生产数值模拟的有限元模型。

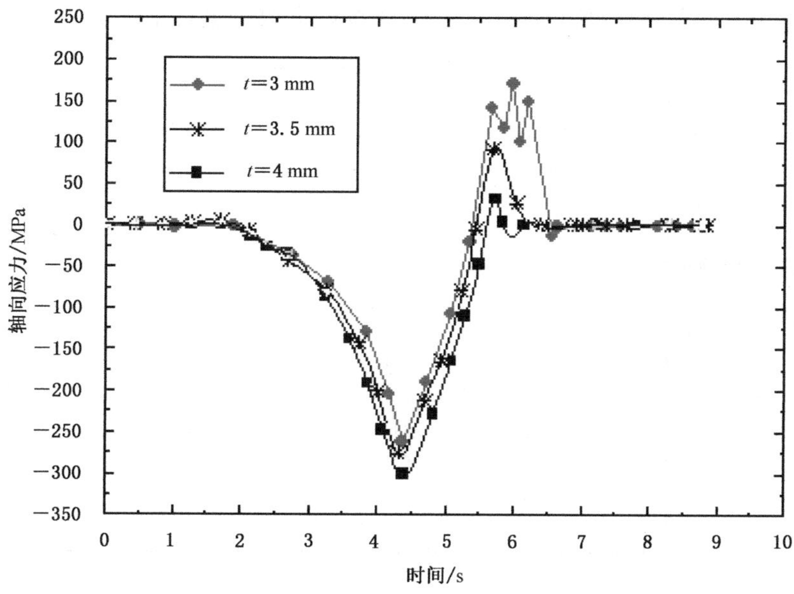

图 3-35　时间-轴向应力曲线

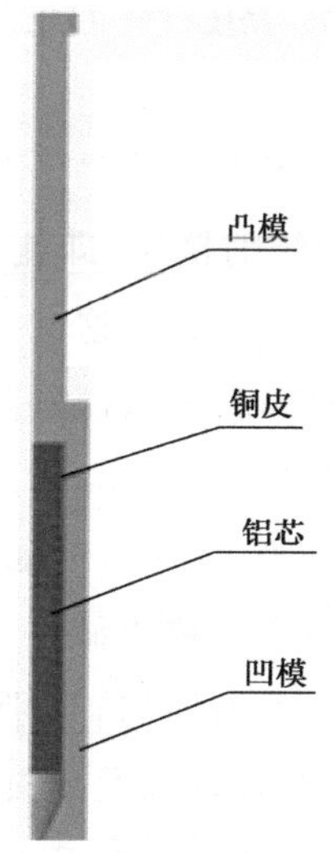

图 3-36　有限元模型

(2) 挤压力及挤压设备的选择：通过对实际冷挤压生产过程的有限元数值模拟，求得挤压行程-挤压力之间的关系曲线，如图 3-37 所示。从图中看出，挤压开始阶段，挤压力逐渐升高，当挤压行程达到 480 mm 左右时进入稳定挤压阶段，模拟实际产品冷挤压的挤压力约为 610 t。倘若按照挤压机在额定挤压力的 60%状态下实现该值，则通过计算，挤压机的额定挤压力应为 1 016.67 t，与 2.4.2 节中挤压力的计算结果 1 000 t 基本吻合，所以实际生产中要按以上数据进行挤压机的选择使用。

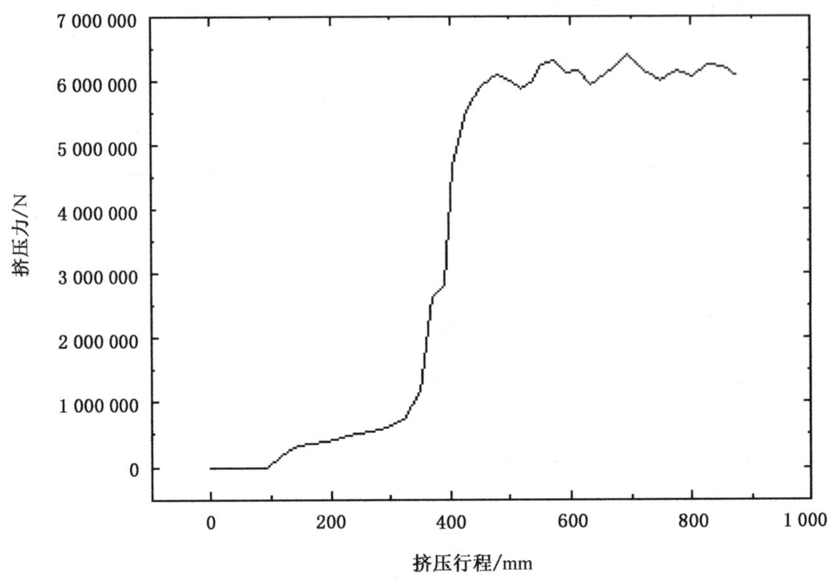

图 3-37　挤压行程-挤压力曲线

3.4.6.6　挤压过程中的缺陷分析

通过模拟发现铜包铝冷挤压过程中的缺陷主要包括以下几个方面：

(1) 对于非半封闭结构铜管包铝的挤压，即使在模具与坯料间采用良好润滑措施的情况下也常会出现铜管端头处的断裂。这主要是由于铜、铝的金属流动速度不同，在界面间产生了摩擦作用，同时铜表面与模具间也存在摩擦作用所致。

(2) 制品尾部的压皱和破损缺陷如图 3-38(a)所示。这主要是凸模与挤压坯料尾部的摩擦和挤压力直接作用导致的，属挤压产品的正常缺陷，并且通过模拟发现，挤压速度越大、摩擦条件越差，这种缺陷越明显。

(3) 铜包铝挤压成品的壁厚分布不均匀，个别部位的结合处出现缝隙，如图 3-38(b)所示。这是挤压参数设定不够合理以及模具结构不合理产生的缺陷。如速度过大或挤压模角过大，使坯料处于挤压镦粗状态过于剧烈，出现了铜管内表面的褶皱，影响后续挤压的固相结合质量；也可能是由模拟过程中的有限元网格划分和畸变所造成。

因此要合理设计模具结构，并控制挤压的各项参数，采用良好的润滑措施，以保证铜包铝挤压制品的表面及内部质量。

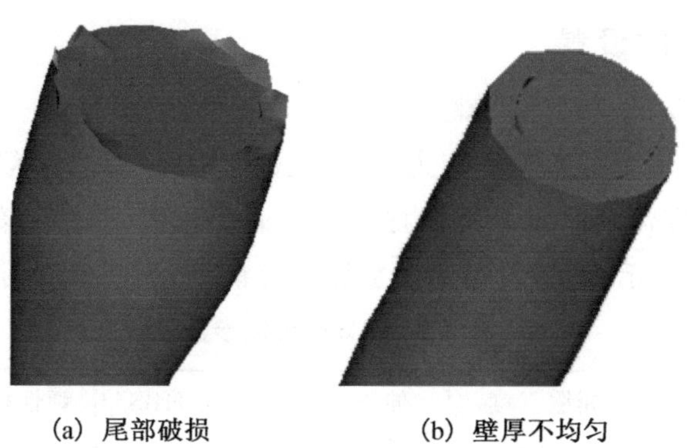

(a) 尾部破损　　(b) 壁厚不均匀

图 3-38　挤压缺陷

3.5　U 形槽的模拟

3.5.1　几何特征和有限元模型的建立

如前所述，由于 DEFORM-3D 软件不具备三维造型功能，所以几何模型要在其他三维软件中建立。在此过程当中，要注意到 DEFORM-3D 软件操作环境的坐标系与 Pro/E 软件中默认的坐标系相同。在有限元模型建立过程中应尽量利用问题的对称性，提高运算的效率和精度。因此对于对称体可以取整体的 1/2、1/4、1/8 或更小的体积来模拟真实情况。

铜包铝线属于轴对称问题。以两端非封闭的铜包铝坯料为例，选择整体的 1/4 来建立有限元模型，如图 3-39 所示。三维视图在 pro/e 软件中完成后另存为【STL (＊.stl)】类型，并修改【ChordHeight】与【AngleControl】栏中的值均为零，接受缺省值的确认，进而.stl 文件即可生成，并以信用证文件的形式保存在文件夹中。

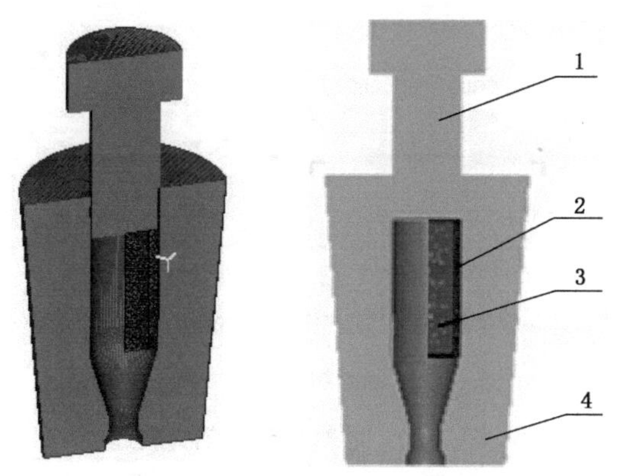

图 3-39　有限元模型及示意图

1—凸模；2—铜管；3—铝芯；4—凹模

3.5.2 材料属性的设置

DEFORM 自备的材料库模型为刚塑性。在材料库中对每一种支持的材料提供了不同温度和应变率下材料流动应力应变曲线和热膨胀系数、弹性模量、泊松比、比热、热导率等温度变化的曲线。所用材料为紫铜和纯铝，两种材料在室温下的典型力学性能如表 3-7 所示，给坯料铜铝分别加载材料，如图 3-40 所示。

表 3-7 材料的性能参数

类别	抗拉强度/MPa	屈服强度/MPa	伸长率/%	硬度 HBS/MPa	弹性模量/GPa	泊松比
紫铜	200～240	60～80	45～50	35～45	1079	0.35
纯铝	80～100	30～50	35～40	25～30	68	0.3

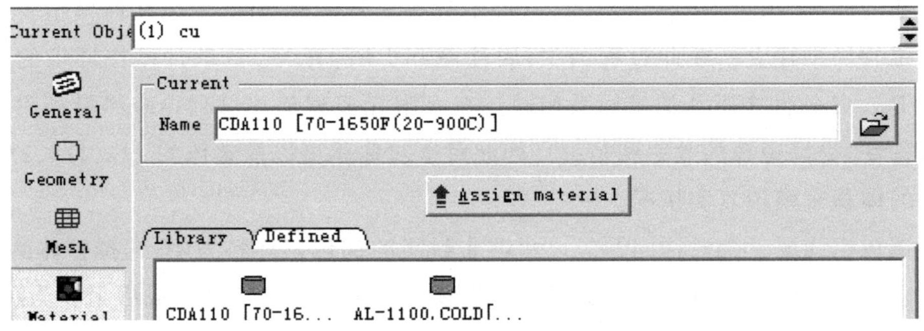

(a) 紫铜加载材料

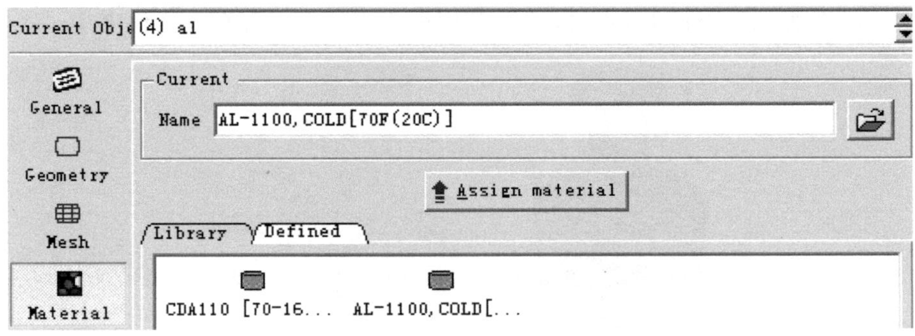

(b) 纯铝加载材料

图 3-40 坯料分别加载材料

3.5.3 模拟控制的设定及网格的划分

模拟过程中为达到计算准确并节省模拟时间的目的，模拟计算步长的确定是十分重要的，DEFORM 软件规定了两种计算步长的方式，分别由时间和模具行程来决定。对于模拟将采用时间控制步长进行计算，具体设定如图 3-41 所示。根据试验所用液压机的工作能力，确定模拟用凸模的速度为 7 mm/s。还要考虑到压下余量，压余的选择通常取坯料长度的 10％～20％，本模拟中坯料长度为 60 mm，取压余量为 11 mm。

DEFORM 网格划分命令可以生成四面体单元，并且重划分的网格类型只能为四面体网格，这种四面体单元适合于表面成形。为了模拟的准确性及对称性，网格的划分要尽量保持大小均匀一致，因此采用自定义模式进行网格划分。同时，在模拟过程中常会出现在某一增量步因网格重划分失败而导致模拟停止，遇到这种情况时要退回几步进入到前处理，进行网格手动重划分后，再编辑提交，继续进行运算。有限元模型的网格划分情况如图 3-42 所示。

Main
Step
Stop
Remesh Criteria
Iteration
Process Condition
Advanced
Control File

General | Advanced 1 | Advanced 2

Starting Step Number -1
Number of Simulation Steps 150
Step Increment to Save 5
Primary Die 2 - Top Die
Solution Steps Definition
With Constant Die Displacement 0 mm
With Constant Time Increment 0.05 sec

图 3-41　模拟控制设定

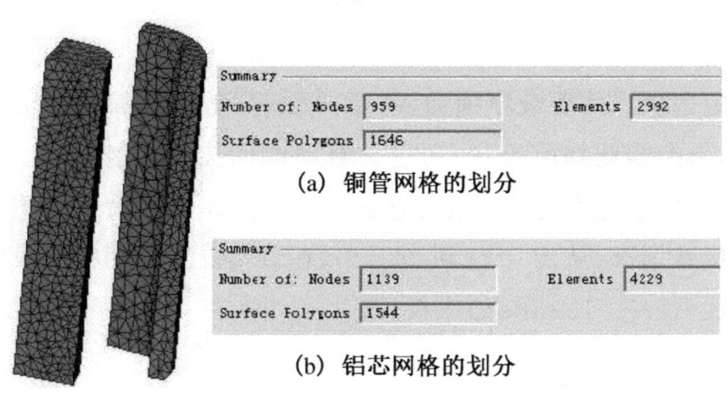

(a) 铜管网格的划分

(b) 铝芯网格的划分

图 3-42　坯料网格的划分

在模拟中上、下模具为刚体,不考虑其变形,故不需要进行网格划分。

3.5.4 外部边界条件的处理

广义的外部边界条件包括有关温度、相对位置、对象间关系的定义,边界条件的处理和摩擦因子的设定等多方面内容。所涉及的主要边界条件的设定如下:

(1) 环境温度:冷挤压时温度设定为室温 20 ℃。

(2) 摩擦边界条件:冷挤压成形中的变形属于体积成形,接触压力较大,故采用剪切模型模拟摩擦。在本模拟中存在两个变形体和两个刚体,所以要分别定义变形体与刚体及变形体与变形体之间的接触摩擦条件。坯料铜包铝的制备采用铸造法得到,在挤压前结合面处已经有了预先结合,因此将摩擦因子设定为 1,冷挤压时模型中几何实体间具体的摩擦情况如图 3-43 所示。

Inter-Object

Relation(Master-Slave)	Sep.	Friction
(3) top - (1) cu	YES	0.12
(3) top - (2) al	YES	0.12
(4) bottom - (1) cu	YES	0.12
(4) bottom - (2) al	YES	0.12
(1) cu - (2) al	NO	1

图 3-43 实体间的摩擦情况

(3) 变形边界条件:在模拟中可以直接对坯料建模,不需要设定变形边界条件,但为了节约模拟时间,本次模拟采用坯料的 1/4 进行建模,为了保证模拟的准确性,需要正确设定对称面的变形边界条件。DEFORM 中边界条件的设定选项为 BCC 菜单栏中的 Symmetry plane,通过添加对称面的法向矢量完成对称边界条件的设定。

在工况设定选项中主要设定项为 Main、Step 及 Iteration。在 Main 中将单位设为国际单位制,模拟步则如前所示,通过计算对时间控制步长进行设定。求解运算对应 Iteration 菜单,其下级求解、迭代方法设定如图 3-44 所示。铜包铝挤压模拟属多个变形体的特殊情况,从图 3-44 可以看出,在该情况下应用松弛求解法(Sparse),并利用直接迭代(Direct Iteration)来模拟。

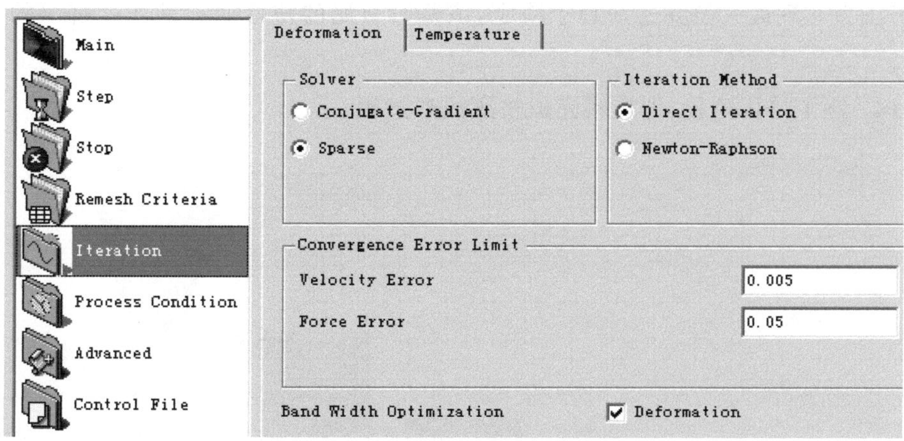

图 3-44　求解、迭代设定菜单

3.5.5　模拟结果分析与讨论

3.5.5.1　模拟过程中金属流动和变形分析

研究金属在挤压变形过程中的流动行为在实际生产中具有十分重要的意义。挤压制品的组织性能、表面质量、外形尺寸和形状精度、成材率、挤压模具的正确设计、挤压生产效率等均与金属流动有着十分密切的关系。

本章首先以尺寸规格铜管外径 29.8 mm，长度为 60 mm 的铜包铝坯料的挤压成形过程为例，对金属流动的整个过程进行模拟分析(模拟采用 1/4 模型建模，为了分析形象，本章所有分析图均为经过镜像处理后的形貌图)，从而得到在冷挤压成形工艺中金属的流动规律。

图 3-45 为模拟得到的铜包铝线的挤压变形过程，可以看出，铝先于铜挤出，制品在工作带处，表面光滑无褶皱，流出工作带后，铜表面出现了一定的褶皱，制品直径有所增加。

根据连续挤压变形规律，将整个模拟过程中坯料的变形过程分为以下四个阶段：

(1) 充满阶段：为凸模将坯料压入挤压筒并充满的压实阶段，在该阶段坯料只发生少量的塑性变形。

(2) 开始挤出阶段：为凸模挤压坯料进入凹模锥形区的变形阶段，坯料挤压力和凹模侧壁的摩擦力作用下，将压实坯料压进凹模的填充挤压变形阶段，在该阶段坯料被镦粗并随挤压力的增加向下运动。

(3) 稳定挤压阶段：为坯料进入凹模工作带内，坯料达到挤压要求直径，在该阶段，挤压力达到最大值并逐渐趋于稳定，该阶段金属的塑性变形是连续挤压的关键部分。

(4) 终了挤压阶段：即坯料完成挤压成形过程。

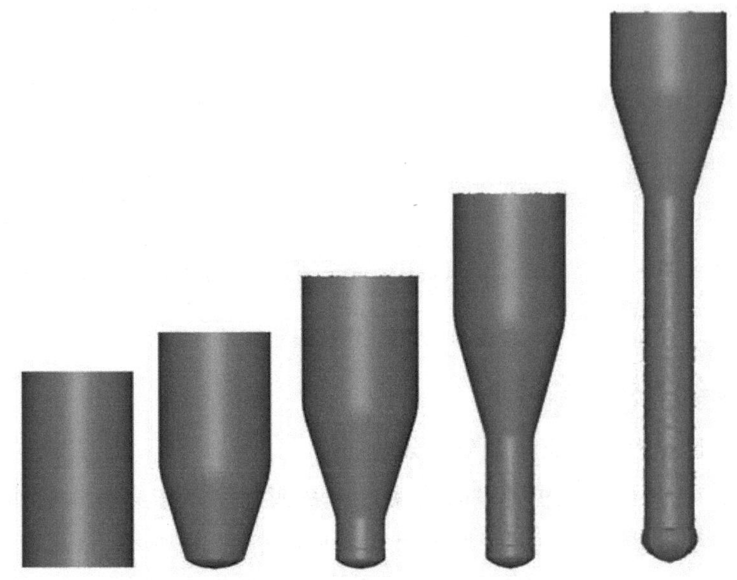

图 3-45 挤压变形各阶段坯料形状

模拟用铜管采用 4 槽铜管，变形的各个阶段槽的形状的变化情况如图 3-46 所示。从图中可以看出，从开始到最后挤压完成，随着挤压的进行，槽型形状受内外金属的复合挤压作用，槽型的直径逐渐变小，同时形状更趋于三角形，这非常有利于槽形部位两种材料的冶金结合。

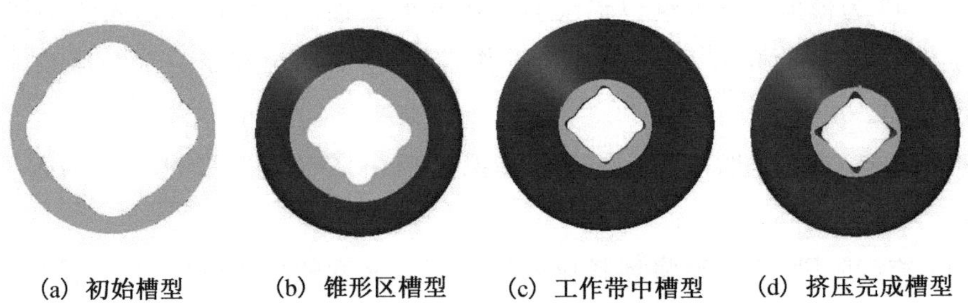

(a) 初始槽型 (b) 锥形区槽型 (c) 工作带中槽型 (d) 挤压完成槽型

图 3-46 挤压变形各阶段槽型形状

3.5.5.2 等效应力分析

提取槽型铜管在挤压过程中第 82 步的等效应力，分析坯料成形过程中的受力情况，如图 3-47 所示。

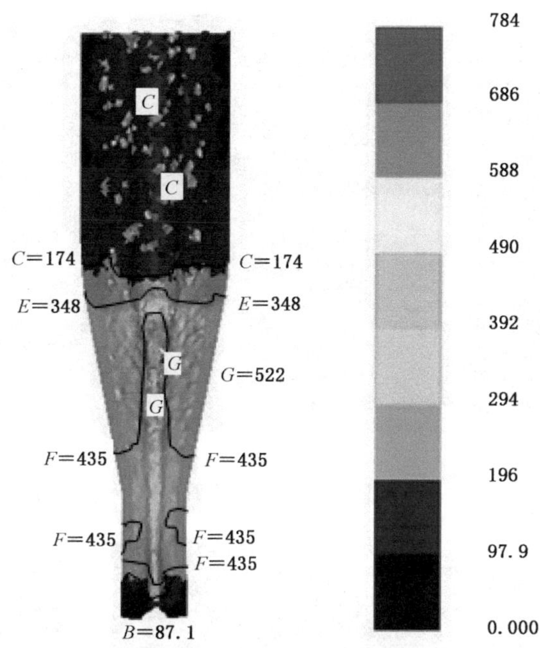

图 3-47　挤压过程中的等效应力

从图 3-47 可以看出：挤压刚开始时坯料受挤压力作用，产生墩粗变形，此时等效应力为 $C=174$ MPa；随着坯料进入模具锥形区，等效应力值逐渐变大，且铜管的槽型区域的等效应力值增加较快，说明槽型区域受力状态更有利于铜铝两种材料实现冶金结合，从而有利于提高铜包铝线的质量。坯料从锥形区至挤出工作带，等效应力值集中在 $F=435$ MPa 左右，最大等效应力值出现在锥形区中间的槽型区域，其值为 $G=522$ MPa。坯料挤出工作带，等效应力值迅速变小。

3.5.5.3　等效应变分析

提取槽型铜管在挤压过程中各阶段的等效应变，如图 3-48 所示。图中(a)、(b)为挤压的初始阶段，坯料底端开始有微量变形；(c)、(d)为坯料进入锥形区，从外壁图中可以看出，随着挤压变形的进行，槽型区域的等效应变最大；(e)、(f)为坯料进入工作带区域，坯料从锥形区到工作带的变形过程中，等效应变到达最大值，并且可以明显看出，槽型区域最先达到最大值；(g)、(h)是挤压的稳定阶段，坯料从工作带流出后，等效应变值迅速变为零，从外壁图中看出，槽型区域的等效应变减小得比较缓慢。

从以上分析可以看出，铜管的槽型区域在变形过程中的应变量相较于非槽型区要大，而且持续的时间长，可以推断，槽型区域变形量的大小影响到铜铝界面的结合状况，变形量越大，越有利于界面的结合，从而有利于铜包铝线质量的提高。

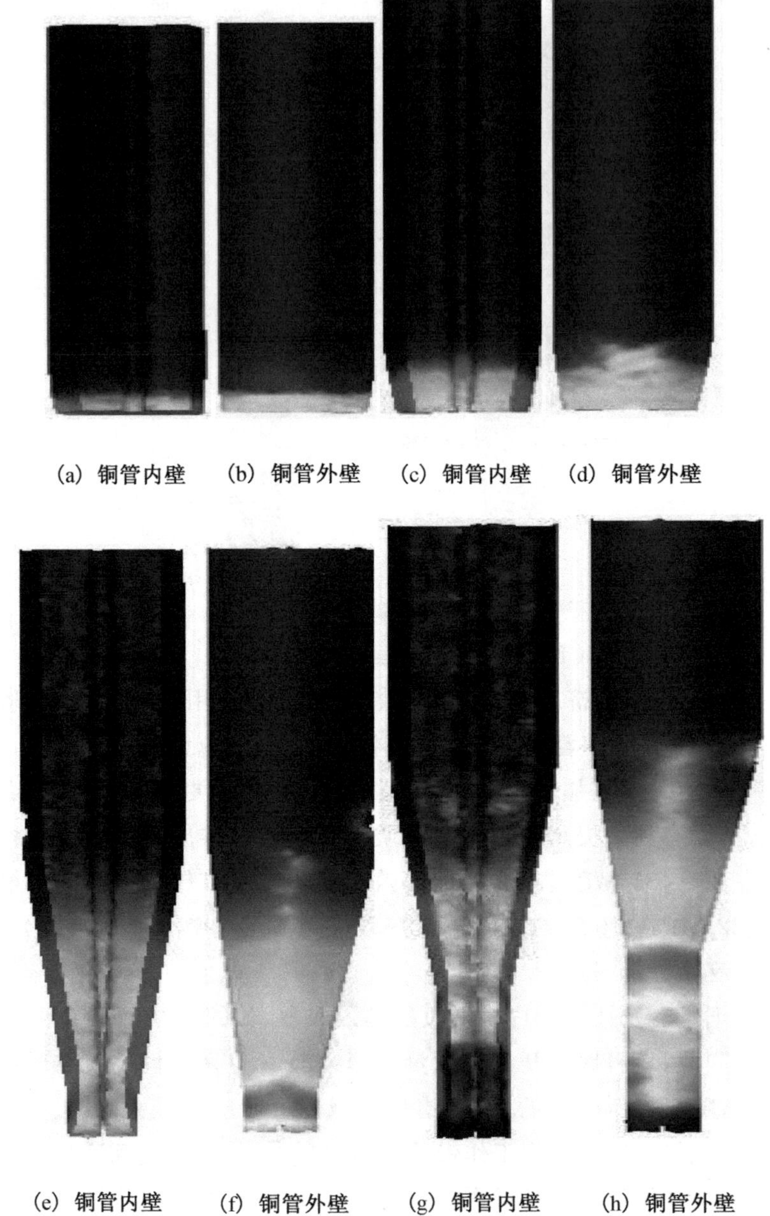

(a) 铜管内壁　(b) 铜管外壁　(c) 铜管内壁　(d) 铜管外壁

(e) 铜管内壁　(f) 铜管外壁　(g) 铜管内壁　(h) 铜管外壁

图 3-48　挤压过程中各阶段的等效应变

3.5.5.4　轴向应变分析

从挤压制品的形貌和等效应变可以看出有以下几个问题:铝芯先于铜流出模具;铜管表面流出工作带后,表面光滑度有所降低,经测量直径也有所增大;铜管流出模口后,等效应变没有迅速降为零,而是持续一段时间才变为零。

对于以上问题，通过分析坯料的轴向应变可以得到一定的解释。选择后处理中的轴向应变(strain-Z/Z)作为分析变量，提取锥形区某时刻的铜铝材料的轴向应变实体分布图(solidcontour)和等值线图(linecontour)，如图 3-49 所示。

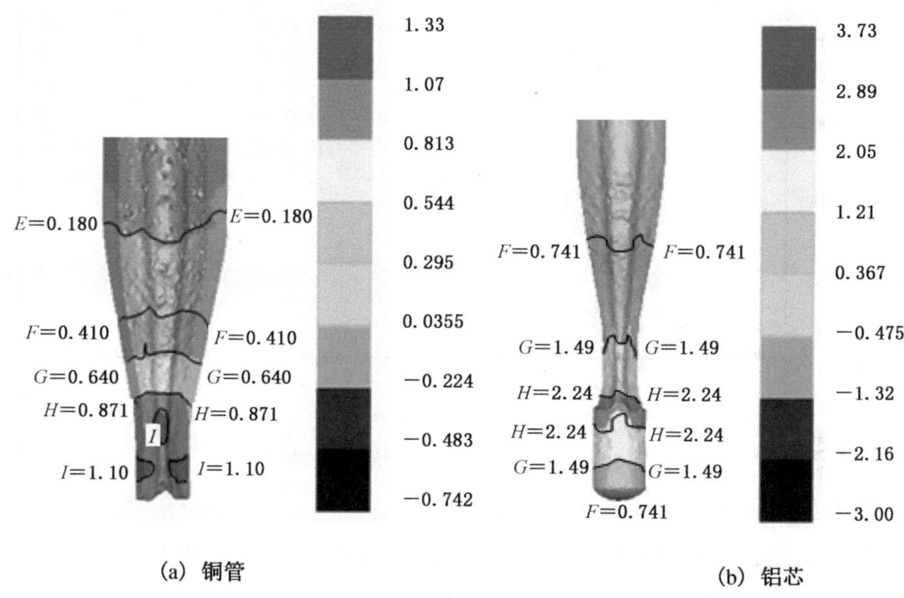

(a) 铜管　　　　(b) 铝芯

图 3-49　坯料的轴向应变实体分布和等值线

从图 3-49 中可以看出：当坯料进入锥角区后，芯部铝的轴向应变值大于外部铜的轴向应变值，也就是铝在轴线方向上的塑性应变要大于铜，所以铝先于铜流出，产生“冒出现象”。这从材料本身的性质也可以得到解释：铝相对铜较软，具有更好的塑性，所以更容易发生塑性变形，使得铝先于铜流出。

从图 3-49(a)铜管的等效应变图中可以看出，铜管流出工作带后，由于铜管受冷挤压后有一定程度的弹性恢复，导致等效应变值有所增加，进而铜管直径也有所增加，随着弹性恢复的完成，等效应变逐渐变为零，铜管直径不再变化。

3.5.5.5　模拟过程中挤压力分析

提取模拟过程中挤压力随挤压时间的变化曲线如图 3-50 所示，从曲线中可以看出，随着试件进入模具的锥形区，挤压力逐渐增大，直至试件流出工作带，挤压力达到最大值 49.69 吨，随后进入稳定挤压阶段，随着坯料高度逐渐缩短，挤压力值有所降低，且在一定范围内变化，其值大约在 45 t 左右，在最后阶段，当剩余坯料高度(压余)很小时，挤压力略有上升。

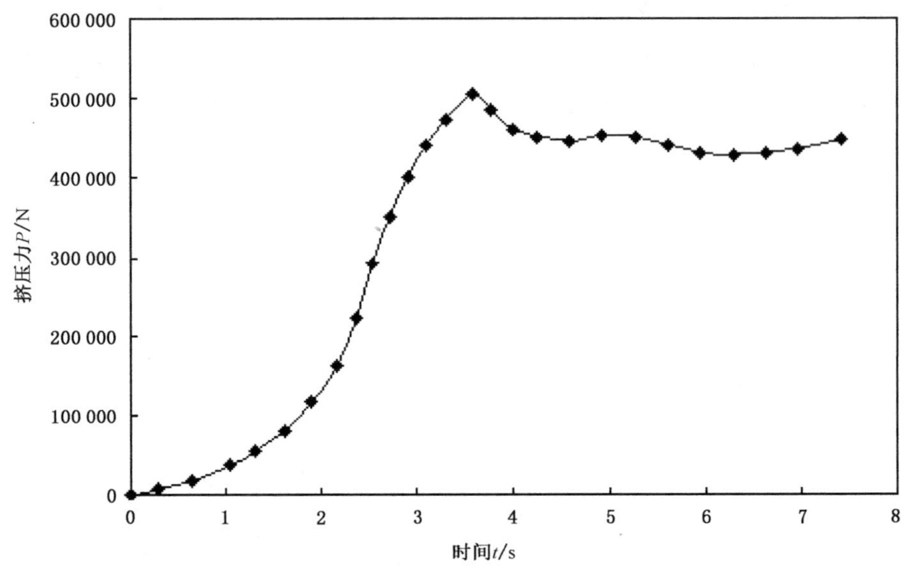

图 3-50 挤压力随挤压时间变化曲线

3.5.5.6 槽型铜管槽内不同点的受力分析

提取模拟过程中铜材料界面上不同三点（P_1，P_2，P_3）作径向应力分析，三点位置如图 3-51 所示，其中 P_1 为槽内距离铜管外壁最近的一点；P_2 为槽内侧壁上一点；P_3 为铜管槽外内表面一点。

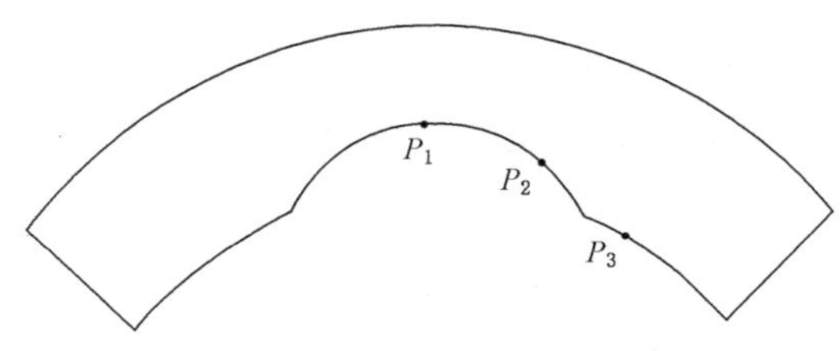

图 3-51 P_1、P_2、P_3 位置示意图

三点所受径向应力随时间的变化曲线如图 3-52 所示，曲线从开始到最低点（压应力达到最大值点）是试样进入锥形区的过程，之后进入模具工作带，压应力逐渐变小，随着坯料被挤压出工作带，在模口处，三点由于铜管的弹性恢复受到拉应力作用，随后应力逐渐平稳，其值趋于零。

从图 3-52 可以看出，从挤压开始到试样挤出模具的过程中，槽内 P_1、P_2 两点的径向应力始终大于槽外的 P_3 点，P_3 点的径向应力值最小，径向应力对界面上两种材料的冶金结合影响较大，这也说明槽内更有利于两种材料的冶金结合。试件挤出模具直至挤压完成，三点承受的径向应力不再变化，其值约为零。

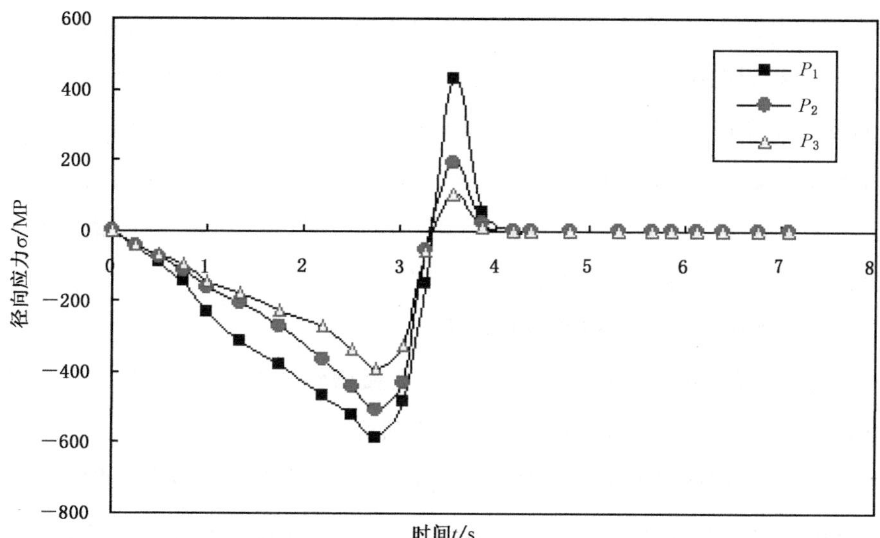

图 3-52　径向应力-时间变化曲线

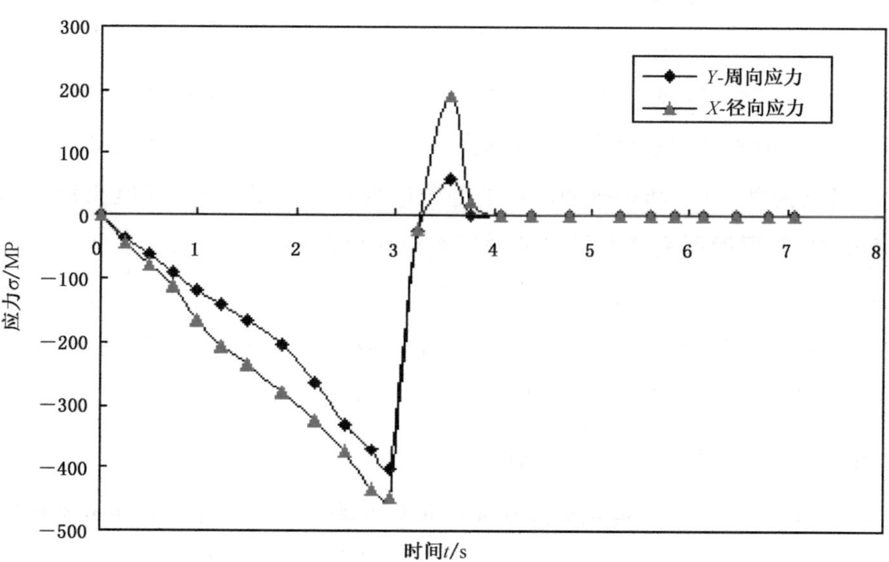

图 3-53　P_2 点的周向应力和径向应力

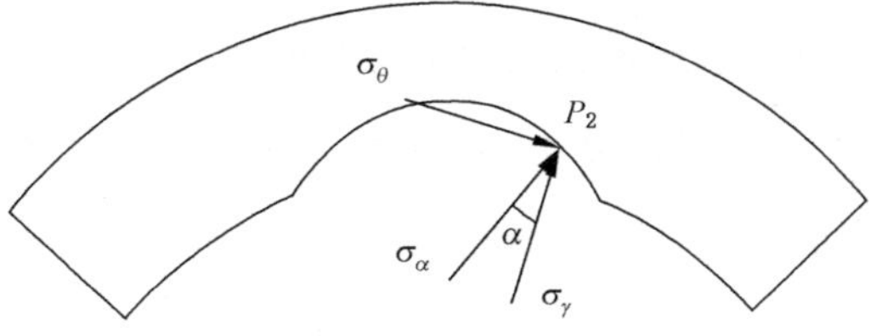

图 3-54　P_2 点受力示意图

图 3-53 为提取 P_2 点的周向应力(σ_θ)和径向应力(σ_r)随时间变化的曲线,可知 P_2 点受径向和周向两向压应力,这两向压应力的矢量和为圆弧上 P2 点所受的正压力(σ_a),受力示意图如图 3-54 所示,通过分析可知,此处正压力值相较于 P_1,P_3 点的径向压应力要大得多,而正压力越大越有利于铜铝界面的冶金结合,由此可知,槽型铜管相较于圆形铜管界面结合状况更好,加上槽型形状的特殊性,铜铝更不容易发生扭转、剥落、分离等一系列问题。

3.5.5.7 其他异形截面铜管模拟结果讨论

按照对铜管截面形状的设计,本章除对圆弧槽铜管进行了模拟研究,还对普通圆铜管,U 形槽铜管、T 形槽铜管进行了模拟研究。

图 3-55 中是在坯料刚入模口处提取的铜管截面的等效应变值,其中(a)为普通圆铜管,(b)为圆弧槽型铜管,(c)为 U 形槽型铜管,(d)为 T 形槽型铜管。从图中可以看出,普通圆铜管在入模口时,铜管的等效应变几乎是均匀变化的,其值大约在 1.3;圆弧槽型铜管在入模口时,非槽区域的等效应变值大约在 1.1,明显小于槽型区域的等效应变,槽型区域等效应变在 1.4 左右;U 形槽型的等效应变值在槽型区域和非槽型区域的差别更加明显,其范围在 0.4~0.7 之间;T 形槽型铜管的变形趋势和 U 形槽型铜管一样,都是槽型区域的等效应变最先开始变化,其值相较于其他区域要大得多,T 形槽型铜管在模口处的等效应变值范围在 1.0~1.4 之间。

从以上分析可以看出,槽型铜管的槽型区域变形程度比较大,使得槽型区域的铜管铝芯相互作用比较强烈,也就是说,槽型区域铜铝界面更容易达到原子结合,说明铜管截面形状的改变有利于铜包铝线界面的结合质量。

3.6 铜包铝线冷挤压成形的试验研究

前面所涉及的无论是理论研究还是数值模拟研究,其最终目的都是验证所设计的铜包铝线铸造-挤压加工工艺具有实际生产应用意义。而本节则是以前述内容作为基础和比较依据,针对铜包铝线材的实际生产进行了生产试验研究,主要内容包括以下几个方面:试验的前期准备;铜包铝复合坯料制备及过渡层分析;试验过程;将试验结果与模拟结果进行对比分析,并确定主要因素和次要因素,从而确定铜包铝线冷挤压加工的可行性及生产条件。

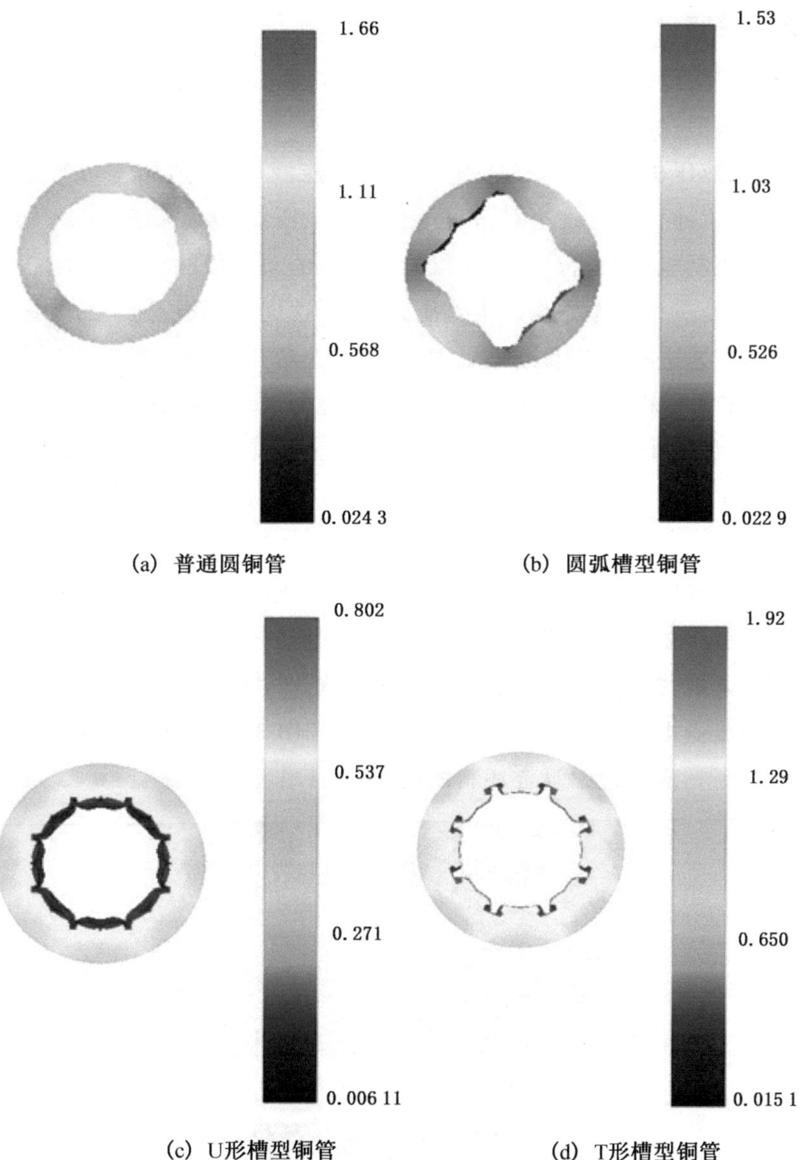

(a) 普通圆铜管　(b) 圆弧槽型铜管

(c) U形槽型铜管　(d) T形槽型铜管

图 3-55　其他异形截面铜管变形过程中的等效应变

3.6.1　挤压试验过程

试验环境为室温 20 ℃，根据本试验要求，调整挤压速度约为 7 mm/s。试验的操作过程主要包括以下几个方面：(1)模具系统的安装固定；(2)挤压前模具内表面及坯料的润滑；(3)液压机调节定位，测试系统调节；(4)挤压进行的同时，测试系统进行数据记录；(5)制备金相实验样件，进行金相组织分析和记录。

3.6.2 试验装置

进行铜包铝线冷挤压加工试验的主要设备如图 3-56 所示，主要包括：液压机、电阻加热炉和成形检测系统。

液压机：该液压机为 YA32-315 吨四柱式万能液压机，适用于可塑性材料的压制工艺，如薄板拉伸、弯曲、翻边等，也可用于校正、压装、金属挤压成形、塑料制品以及粉末制品的压制成形工艺。该液压机具有独立的动力机构和电力系统，可实现调整、手动及半自动三种操作方式。工作压力、压制速度、空载快速下行和减速的行程范围均可根据工艺进行调整。液压机主要参数：公称压力 $P=315$ t；介质压力 $P=25$ MPa；最大工作行程 $s=800$ mm。本试验中控制滑块下行速度 7 mm/s。

加热炉：该加热炉为箱式电阻炉，型号 SRJX-6-18，额定功率 8 kW，额定电压 120～370 V，额定温度 1 300 ℃，炉膛尺寸 500 mm×260 mm×180 mm。本次试验加热温度至 720 ℃。

测试系统：测试系统由压力传感器、测试平台、标定平台以及电源组成，用于测量试验过程中挤压力随位移变化曲线，从而了解挤压过程中挤压力的变化情况。

挤压模具系统：挤压模具系统由挤压模芯，内、外两个衬套组成。挤压模具系统的实物图及挤压变形过程示意图分别如图 3-57 和图 3-58 所示。它的作用是在挤压液压机的配合下完成铜包铝复合坯料的挤压，且工作温度为室温 20 ℃。

(a) 液压机　　(b) 加热炉

(c) 测试系统

图 3-56 挤压试验设备

图 3-57　挤压模具

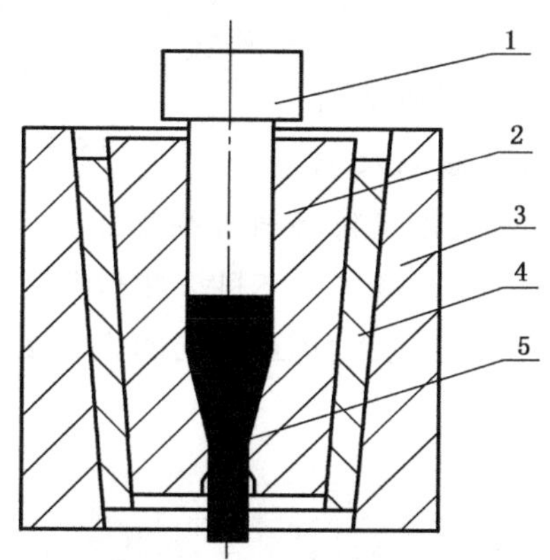

图 3-58　挤压变形过程示意图

1—凸模；2—凹模；3—外衬套；4—内衬套；5—铜包铝挤压坯料

3.6.3　坯料的制备

挤压用坯料为铜包铝复合坯料，制备工艺采用铸造法。坯料尺寸要求如下：紫铜管长度 $L=60$ mm，外径 $D=29.8$ mm，壁厚为 $t=3$ mm，铝充满铜管。制备前的铜管与纯铝坯料的状态如图 3-59 所示。

纯铝坯经高温熔化后，低压铸入紫铜管内，再经车削去氧化皮、旋锥。具体制备过程为：铜管、铝锭清水清洗→酸洗→将加热炉升温至 720 ℃→将铝锭放入容器内送进加热炉至熔化，紫铜管 300 ℃预热→将熔化的铝液注入紫铜管内，待其逐渐冷却后，用千斤顶低压压实铝芯→车削去氧化皮→端头旋锥。

坯料的酸洗：采用工业用酸洗液，对铜管和铝锭进行酸洗，去除表面杂质、油污、氧化皮等，为后续铸造时铜、铝结合面的良好结合奠定基础。

铝锭的熔化：纯铝的熔点为 660.4 ℃，但要将加热炉加热到 700 ℃后把盛有纯铝锭的容器放入加热炉内，这是为了避免熔化过程中的氧化作用。继续加温至 720 ℃保温，使得体积较大的铝锭尽快由表面熔化至芯部。

铸造：将铜管放入加热炉内稍加预热，同时取出铜管和铝液，将铜管竖立放稳，迅速将铝液倒入铜管中（底部采用适当防漏措施），待其适当冷却时（铝液不外流），通过液压机和千斤顶进行铸造，达到铜、铝界面间初步固相结合的目的。但此时的铜管外表面氧化现象严重，需要后续工序去除氧化皮。

图 3-59　紫铜管与纯铝锭

车削去氧化皮、端头旋锥：经铸造后的坯料，会有铝芯端头冒出现象以及铜表面氧化现象，所以要车削去氧化皮将坯料外径加工为 29.8 mm，以保证挤压制品的表面质量。同时，在挤压前还要将复合坯料头部车削成与所用挤压模腔相一致的倒角，以保证挤压质量。经以上过程加工完成的铜包铝复合坯料试样如图 3-60 所示。

图 3-60　铜包铝复合坯料试样

3.6.4　润滑

挤压过程中对工模具进行润滑，可以提高断面尺寸的精度，使金属流动均匀，降低挤压力，提高挤压速度，减少沿制品纵向上的组织、性能不均匀性，防止金属黏结工具，提高工具的使用寿命，同时提高制品表面质量。

与凹模接触的为铜管外表面，铜在挤压过程中必须进行润滑，而对于重金属来讲润滑剂大多选用 45 号机油加 20%～30%片状石墨。考虑到本试验在 10 月中下旬开始，天气温度较低，为了增加润滑剂的流动性，在选用润滑剂为 45 号机油加

20%～30%石墨粉的情况下，再以少许黄油作为添加物进行混合。

3.6.5　试验结果与模拟结果对比分析

3.6.5.1　挤压过程分析

坯料挤压加工过程的不同阶段如图 3-61 所示。从图中可以看出，当坯料进入锥角区以内便出现了芯部铝先于铜流出的现象，并且在挤压制品头部存在铝冒出现象，验证了模拟的正确性。

3.6.5.2　挤压力测定比较

通过试验测试记录铜管厚度为 4 mm 坯料的时间-挤压力关系曲线，和模拟得出的时间-挤压力曲线进行对比分析，如图 3-62 所示。

图 3-61　坯料挤压过程

可以看出挤压力逐渐升高，进入稳定挤压后挤压力约为 60 t，在挤压模拟4 mm 厚铜管坯料时的挤压力为 50 t，则试验和模拟之间的误差计算如式(3-16)所示。

$$\delta = \frac{60-50}{60} \times 100\% = 16.16\% \tag{3-16}$$

根据试验考虑，误差产生的原因主要在于模拟中摩擦因子的选取要小于实际试验取值，同时模拟中材料的性质选择可能存在一定的误差。另外，试验采用分半结构模具，产生飞边，这也造成实际测定的挤压力要大于模拟值。

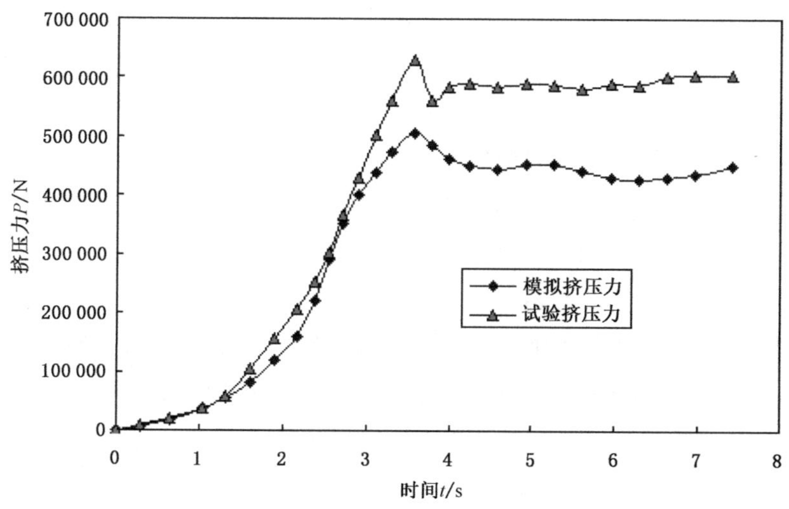

图 3-62　时间-挤压力试验曲线

3.6.5.3 铜层体积比和减薄率计算

挤压加工的横截面变化(以 8 槽铜管为例)如图 3-63 所示,从左向右分别为坯料部分、锥角部分和挤出部分的横截面。

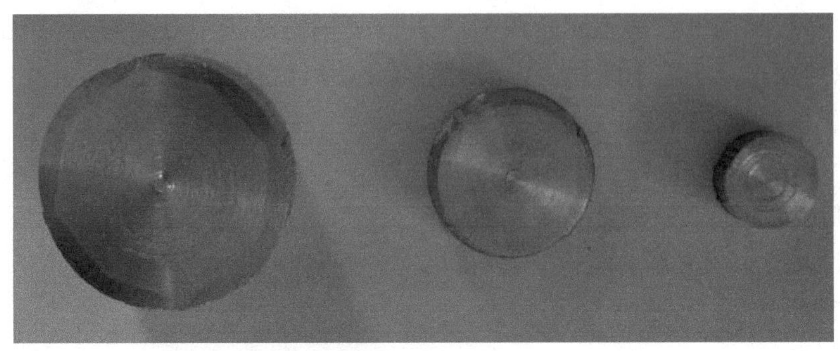

图 3-63 横截面变化示意图

通过上图可以看到,在挤压过程中铜的壁厚逐渐减小。选取壁厚 4 mm 铜管坯料试验后的试样,测量其圆周上的不同位置,得到厚度分别为 1.918 4 mm、2.058 8 mm、2.015 1 mm、1.250 8 mm、1.230 5 mm、2.045 4 mm。同样选取模拟后试件铜管上不同位置的厚度分别为 1.993 7 mm、1.755 6 mm、1.515 9 mm、1.382 5 mm、2.103 4 mm、2.046 9 mm。

由以下公式计算铜管的减薄率:

$$t' = \frac{t_1 + t_2 + t_3 + t_4 + t_5 + t_6}{6} \tag{3-17}$$

$$\varepsilon = \frac{t - t'}{t} \times 100\% \tag{3-18}$$

式中:

t' ——挤压后壁厚数据的平均值;

$t_1, \cdots, t_6$——挤压后的壁厚测量值;

t ——挤压前铜管壁厚;

ε ——铜管壁厚减薄率。

代入数值得试验铜管减薄率为 56.171%,略大于模拟值 55.009%。由计算可知,试验值和模拟值两者存在一定量的误差,大概是因为试验过程中模具为分半结构,使坯料产生细微飞边,而测量点的不同对结果也有直接影响。通过以上分析可认为试验结果与模拟结果基本吻合。

取铜层厚度平均值,并按下式计算铜层体积比:

$$S = 1 - [(D - 2T)^2 / D^2] \times 100\% \tag{3-19}$$

式中：

S ——铜层体积比；

D ——铜包铝线直径(mm)；

T ——铜层平均厚度(mm)。

本次试验中，铜包铝线直径 $D=29.8$ mm，由式(3-17)知挤压试验中铜管平均厚度为 $T=1.753\ 2$ mm，代入式(3-19)计算得到铜层体积比约为 21.15%，后续经过多道次拉拔，达到符合铜包铝线相关标准规定的铜层体积比是完全可行的。

3.6.5.4　挤压制品的导电性能计算研究

复合导线与纯铜导线相比，具有价格低和力学性能高的特点。用铜包铝线制作的复合导线不仅价格低，而且重量轻。当铜、铝的体积比为 0.15 时，等径导线比纯铜线重量轻 62.5%，直流等阻导线比纯铜线重量轻 55%。用铜包钢线制作的复合导线不仅价格低，而且比铜线强度高。由于交流电在导线中的集肤效应，因此，用于传输高频电信号时，改变这种包覆线的铜层与芯线的比率，可以生产适用于各种应用条件下具有与纯铜相同导电性能的导线。铜包铝线和铜包钢线都要比纯铜的电阻率高，因此，其导电性能就成为重要的考核指标。导电性能历来是复合导线研究的重要内容，其中，直流电阻率是导电性能常用的研究指标。

导线横截面积 $S=\frac{1}{4}\pi d^2$(d 为线径)，那么，导线的电阻、电阻率分别等于 $R=\rho\frac{l}{S}$ 和 $\rho=R\frac{S}{l}$。把铜包铝线中的铜和铝组成并联线路，其电阻有下列形式：

$$R = \frac{R_{Cu} R_{Al}}{R_{Cu} + R_{Al}} \tag{3-20}$$

式(3-20)中的 R_{Cu} 为 Cu 的电阻，R_{Al} 为铝的电阻。其中：

$$R_{Cu} = \rho_{Cu} \frac{1}{\alpha S} \tag{3-21}$$

$$R_{Al} = \rho_{Al} \frac{1}{(1-\alpha)S} \tag{3-22}$$

将式(3-20)代入式(3-21)、(3-22)可以计算出不同线径的铜包铝线的电阻 R 和电阻率 ρ 分别为：

$$R = \frac{\rho_{Cu}\rho_{Al}}{\rho_{Cu}(1-\alpha) + \rho_{AL}\alpha} \cdot \frac{1}{S} \tag{3-23}$$

$$\rho = \frac{\rho_{Cu}\rho_{Al}}{\rho_{Cu}(1-\alpha)+\rho_{Al}\alpha} \tag{3-24}$$

式中：

ρ_{Cu} ——Cu 的电阻率；

ρ_{Al} ——Al 的电阻率；

α ——导线中 Cu 的横截面积比；

$1-\alpha$ ——导线中 Al 的横截面积比；

S ——导线横截面积。

由此，可计算出铜包铝线的电阻和电阻率。

另外，电阻率与导线温度有关，随温度呈直线变化，即

$$\rho = \rho_0(1+kt) \tag{3-25}$$

式中：

t ——为摄氏温度；

ρ_0 ——0 ℃时的电阻率；

k ——恒定系数。

对于许多金属而言，k 接近 0.003 67，即 1/273。温度改为绝对温度时，上式可写成

$$\rho = k\rho_0 T \tag{3-26}$$

式中：T——绝对温度。

在大多数情况下，式(3-26)与实际吻合较好。

试件的相关参数为：铝在室温 200 ℃时电阻率 $\rho_{Al}=2.72\times10^{-6}\ \Omega\cdot cm$，铜在室温 200 ℃时电阻率 $\rho_{Cu}=1.67\times10^{-6}\ \Omega\cdot cm$。按照生产要求，经挤压后拉拔得到的铜包铝线的铜层体积比 0.15，铜包铝线制品横截面直径 30 mm。把上述数据代入式中，计算得到铜包铝线的电阻及电阻率分别为：$R=0.35\times10^{-6}\ \Omega/cm$，$\rho=2.486\times10^{-6}\ \Omega\cdot cm$，即经冷挤压拉拔后生产的铜包铝线满足导电性能要求。

3.7 铜包铝复合材料的微观结构分析

3.7.1 引言

铜铝及其合金加工材(板、带、箔、管、棒、线、异型、复合材等)，以其优良的加工性能和使用性能被广泛应用于国民经济各部门，为电子电气、机械制造、交通运输、建筑等支柱产业提供有力的支撑作用，成为现代工业和现代科技发展不可缺少的基础材料。

对相应的微观变形机理的研究很多也很必要。微观结构与界面状态决定着金属基复合材料的物理和力学性能。而且，由于制备方法和制备工艺的不同，复合材料的微观组织结构也存在差异。因此，它们是连接工艺与性能的纽带。目前对于铜基复合材料显微组织的研究主要集中于低体积分数复合材料，研究内容包括基体中存在大量的由热应力引起的位错、基体的时效析出行为及由于增强相的加入带来的时效动力学的不同程度变化，还有晶体结构、织构、回复和再结晶等金属学规律因增强相的加入而产生的变化等。但是对于 Al/Cu 复合材料显微组织的研究还较少，因此，本章通过对 Al/Cu 复合材料微观组织结构的观察分析，既可以了解这种复合材料的组织结构特征，还可以弄清材料组织结构和性能在变形过程中的相关关系，从而达到通过控制材料制备工艺参数来调整材料组织结构、实现材料性能优化的目的。

本章主要利用金相试验和 KYKY-2800B 扫描电镜来分析铜铝材料变形过程中的微观结构、界面状态与界面成分等，通过分析了解铜铝材料的微观结构在挤压变形过程中的变化，可以推测其对宏观性能的影响，从而间接地对实际生产起到一定参考作用。

3.7.2　金相试验

金属的性能不仅与其化学成分有关，也与其金相组织密切相关。金相检验是控制和评定产品质量不可缺少的重要手段，是科学研究中研究新材料、新工艺和提高金属制品内在质量的重要方法。要进行金相分析，就必须制备能用于微观检验的样品——金相试样。通常，金相试样的制备要经过取样、磨光和抛光、腐蚀几个步骤。

(1) 截取试样：将经过铸造挤压成形的试样分别在成品区、锥形区、料头区截取厚度为 1 mm 左右的横截面试样，以及厚度为 1 mm、长度为 5 mm 左右的纵截面试样。

(2) 打磨和抛光：试样先用金相砂纸打磨，所用砂纸由粗到细，600 目～800 目～1 000 目～1 200 目，之后在抛光机上进行机械抛光。

(3) 腐蚀：由于铜铝材料的耐腐蚀情况不同，因此采用不同的腐蚀液对铜铝材料分别进行腐蚀。铝的腐蚀液为：5%氢氟酸硝酸水溶液；铜的腐蚀液为：4wt.%～5wt.%硝酸高铁酒精溶液。用腐蚀液对试件进行侵蚀 3～5 s，蒸馏水冲洗，吹风机吹干，在金相显微镜下观察其金相组织。

3.7.3 微观组织分析

3.7.3.1 坯料微观组织

图 3-64 为铸造成型后铜铝及其界面的微观组织，可以看出，铜铝界面结合较好，但界面相的晶粒尺寸较大，而且粒径不均匀，晶粒直径在 100～150 μm，小晶粒也在 60～70 μm，厚度基本在 60～70 μm。这主要是由于铸造过程中，因铝浇注温度难于准确控制，一般使铝液加热温度较高，这是造成铜铝合金晶粒粗大而且不均匀的主要原因。

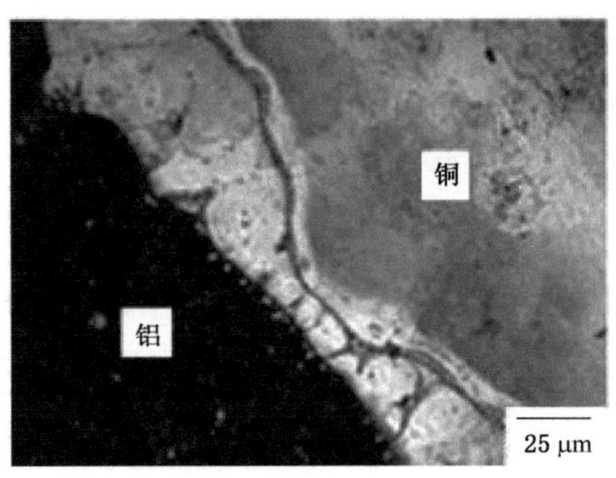

图 3-64 铸造成型后铜铝及其界面的微观组织

图 3-65(a)为铸造成型后铜材料的微观组织，可以看出，材料的晶粒形状不太规则，直径大约在 65～70 μm，同时坯料中存在少量的点缺陷，这可能是在试样制备过程中引入的。

图 3-65(b)为铸造成型后铝材料的微观组织，可以看出，材料的微观组织比较均匀，基本为等轴晶粒，晶粒直径在 70～75 μm。

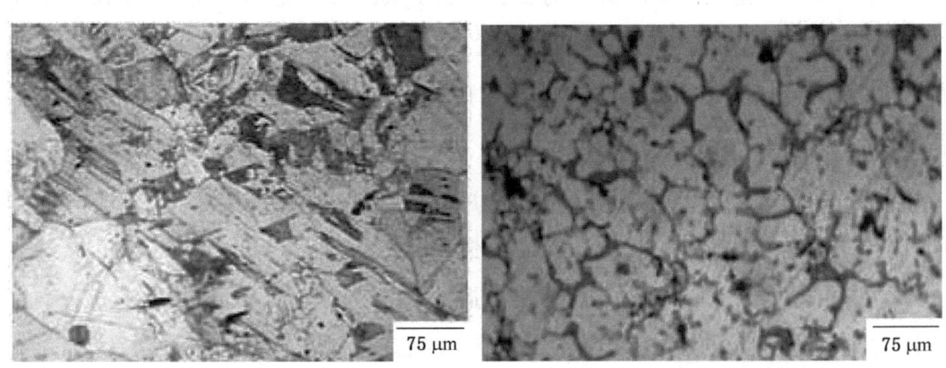

(a) 铜的微观组织　　(b) 铝的微观组织

图 3-65 原始坯料的微观组织

3.7.3.2　挤压后铜材料的微观组织

径向剖面：图 3-66 为锥型区铜的微观组织，其中图 3-66(a)为铜铝边界铜的微观组织；图 3-66(b)为制品外表面铜的微观组织。从图中可以看出：铜铝边界上铜的晶粒明显得到细化，而且形态变为等轴形晶粒，平均直径在 20～25 μm，这说明再结晶在该区域起到了细化晶粒的作用；铜的中心晶粒直径较大，平均直径在 35～40 μm；变形体外表面铜的微观组织最为细小，平均直径在 10～15 μm，但晶粒形状不很规则，这说明剪切变形对晶粒的细化起到了主要作用。

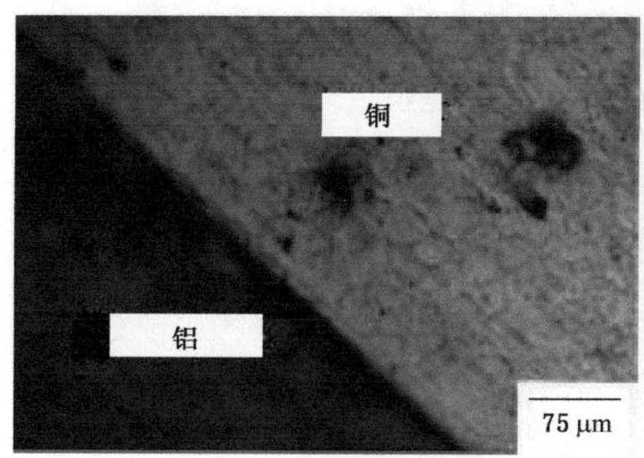

(a) 锥角区铜铝边界铜的微观组织

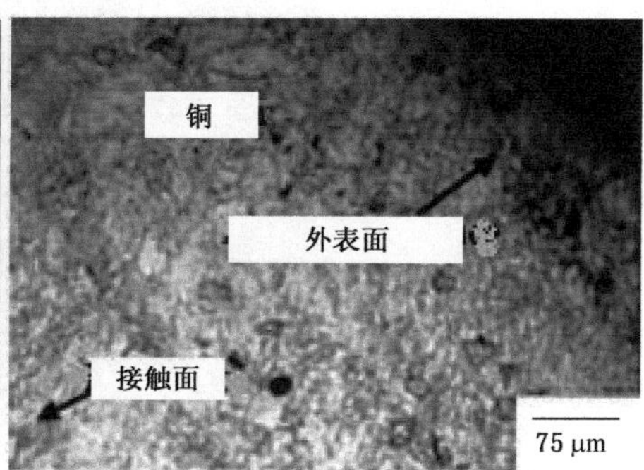

(b) 锥角区外表面铜的微观组织

图 3-66　变形区某一时刻铜的微观组织

制品横断面上，由于挤压制品剪切变形程度从外向内逐渐减少，所以内层比外层金属遭到的晶粒破碎程度小，所以在铜管的横截面内会出现组织的不均匀分区现象，且由内向外晶粒逐渐细化。

轴向剖面：图 3-67 为铜在锥角变形区轴向剖面的微观组织，可以明显看出，铜材料在锥角变形区逐渐变形过程中，存在晶粒直径由大到小的细化过程，这一细化过程中以等轴晶形态为主，这说明在材料的挤压过程中存在明显的动态再结晶过程，但同时也有大量形状不规则晶粒存在。

试样发生再结晶的温度与塑性变形量的大小有关，由于晶体塑性变形的不均匀性，在晶体内部某些塑性变形量大的区域，晶格畸变能较大，发生再结晶所需的温度有所降低，又由于塑性变形会引起材料温度的上升，因此在室温塑性变形过程中晶体的局部发生再结晶是可能的。研究发现，在一般应变速率下，压缩应变量为 3 左右时，温度至少可以升高 273 K，达到铜融化温度的 0.4 倍，完全满足了动态回复再结晶的要求。

图 3-68 为锥角区域的轴向剖面铜材料表面的流线，可以看出：流线沿锥角方向具有取向性。取向性及大量形状不规则晶粒的存在，说明剪切破碎也起到了细化晶粒的作用。

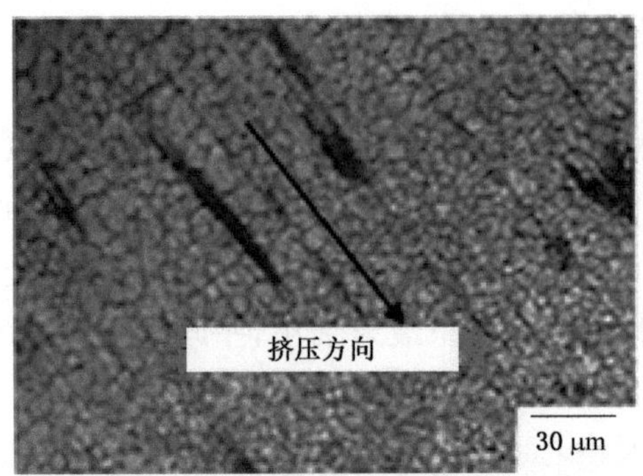

图 3-67 锥角变形区铜的微观组织

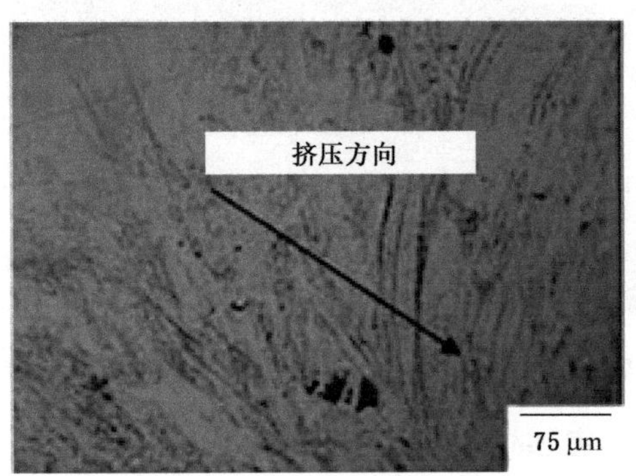

图 3-68 锥角变形区域铜的流线

3.7.3.3 挤压后铝材料的微观组织

径向剖面：由图 3-69 可以看到，材料在进入锥形变形区的初始阶段，界面处铝晶粒开始得到细化，而中心晶粒较大基本保持原态，组织极不均匀，两个区域的分界非常明显。这种组织的不均匀主要是由于外层金属与中心部分的金属变形程度不同而引起的，沿径向靠近铜铝界面处的变形较大，必然导致金属的组织不均匀，即界面金属晶粒破碎程度较之中心部分的剧烈。界面相的厚度较铸造坯料明显减薄，约在 5 μm。

图 3-70 为材料基本完全通过锥形变形区以后，从中心到铜铝界面处晶粒尺寸仍逐渐变得细小，但晶粒差距已经较小，而且没有明显的分界，材料芯部尺寸明显得到了细化。芯部晶粒直径在 15～20 μm，而界面附近区域晶粒直径在 10～15 μm，界面厚度进一步减小，在显微镜下已经很难辨认。

图 3-71 给出了槽型内部铝的微观组织情况，图中可以明显看出：槽内铜铝界面区域晶粒直径也较槽外区域细，直径约为 10 μm。

图 3-72 给出了挤出以后制品铝的微观组织。该工艺加工的线材铝微观组织细

小均匀，晶粒分区现象很不明显，平均晶粒直径小于 10 μm，主要原因是采用的挤压比为 5.47，超过了临界挤压比 5，这样的挤压比加工使晶粒得到了有效的破碎。

图 3-73、图 3-74 为挤压完成后料头的微观组织，可以看出，料头铝材料晶粒由于长时间受到三向压应力作用已经基本得到细化，且晶粒尺寸也较为均匀，平均晶粒直径在 30 μm 左右。

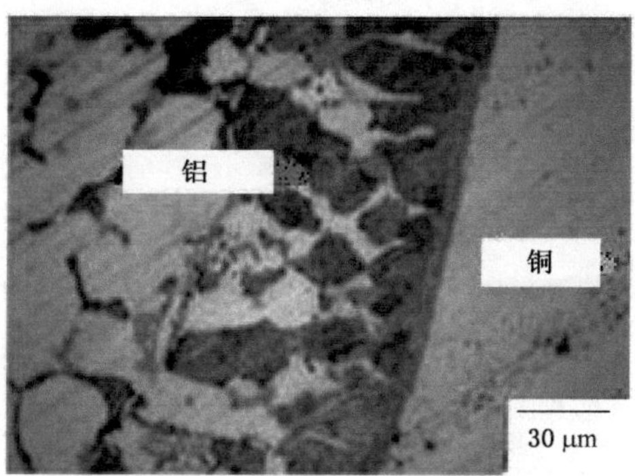

图 3-69　变形区铝的微观组织

图 3-70　靠近模口的锥角区铝的微观组织

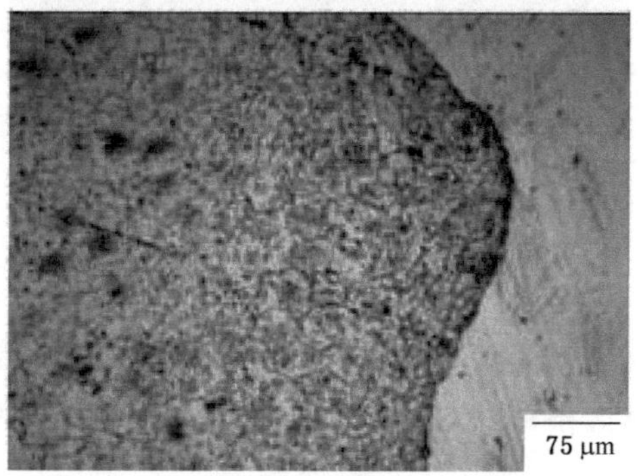

图 3-71　锥角区槽内部铝的微观组织

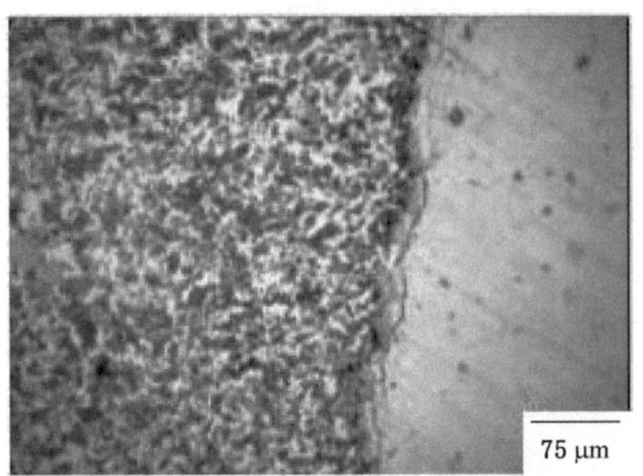

图 3-72　品中铝的微观组织

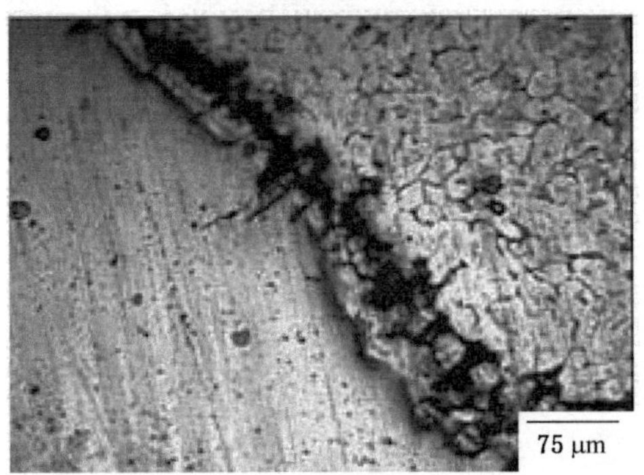

图 3-73　料头铜铝分界处

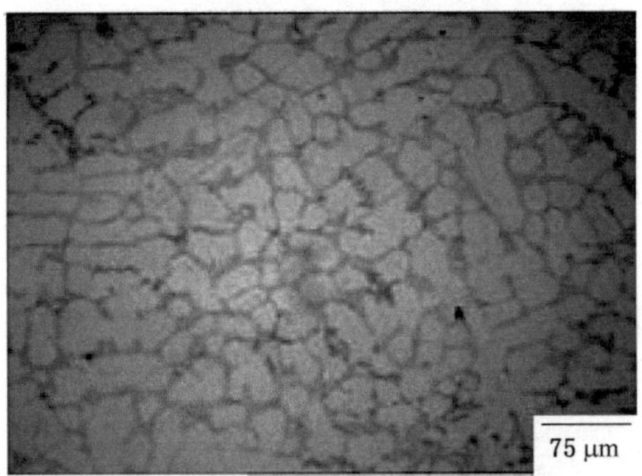

图 3-74　料头铝的微观组织

轴向剖面：图 3-75 为锥角变形区界面附近区域铝的轴向剖面微观组织，可以看出：存在一定程度的大晶粒和条状或纤维状组织，并且沿着挤压方向定向排列。这主要是由进入锥角变形区挤压过程中，制品铜铝界面处受到的摩擦导致较大的剪切应变引起的。

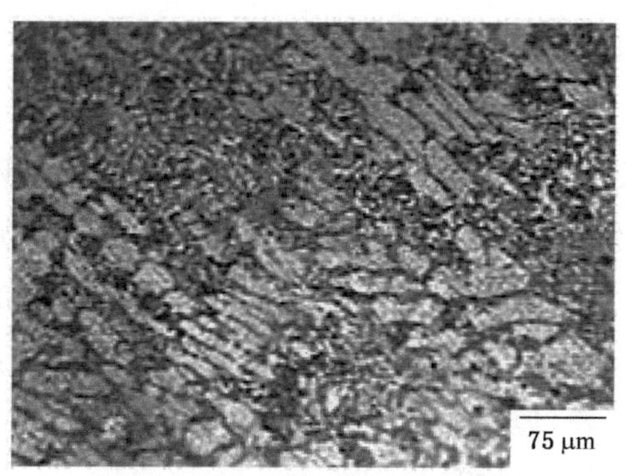

图 3-75　锥角变形区界面附近区域铝的微观组织

图 3-76 是挤压完成后铝的轴向剖面微观结构，从图中可以看出，当制品从锥角变形区完全挤出后，晶粒基本完全得到细化，而且非常细小均匀，平均直径小于 5 μm。

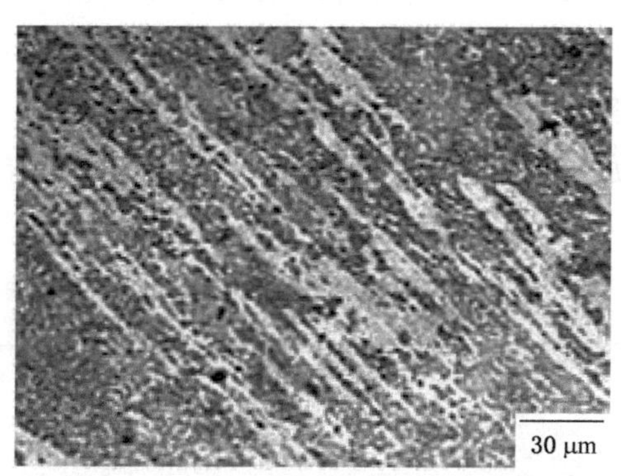

图 3-76　挤压完成后铝的微观结构

以上分析结果表明：剪切破碎是铜包铝材料变形在挤压比为 5.45 的条件下的主要细化机理，但从微观组织上观察，在变形过程中，纯度较高的金属材料也可能发生了某种程度的再结晶。

纯铝属于具有高层错能 fcc 晶体结构的金属，一般认为在冷变形过程中易通过位错的攀移与交滑移产生充分的动态回复，致使剩余的形变储能不足以引发动态再结晶。但国内外大量的研究表明，只要适当调整变形参数，高纯铝冷变形时也可能发生动态再结晶，层错能高低并不是决定金属动态软化机制的决定性因素。在高的应变速率下，位错来不及发生各种软化作用，使储存能大大增加；再加上试样变形过程中温度的上升，特别是挤压变形过程整体变形量的不均匀性，使得局部温度会比整体温度上升得更高，这两个条件也可能在变形过程中满足动态再结晶的条件。

3.7.4 铜包铝线界面相研究

界面是复合材料特有的而且是极其重要的组成部分，是增强体连接的桥梁，是复合材料极为重要的微观结构。由于界面的原子结构、化学成分和原子键不同于界面两侧的增强体和基体，界面的性质与界面两侧有很大的差别，而且在界面上更容易发生化学反应，所以界面对复合材料的性能起着极其重要的作用，有时甚至能起控制作用。因此，了解界面的几何特征、键合方式、界面结构、界面缺陷、界面稳定性与界面反应及其影响因素，理解界面与材料性能之间的关系，达到利用“界面工程”发展新型高性能复合材料的目的。

3.7.4.1 过渡层微观结构

试验分析结果表明，经铸造，铜、铝界面处发生铜、铝的相互渗透而生成化合物，且过渡层大致可分为 2 种情况：Cu/Al 分层和 Cu/Al 间有一层固溶体或化合物，而以 Cu/Al 固溶体居多。实验过程中制备的铜包铝坯料相界面见金相图 3-77，正是由于这种过渡层化合物的存在，使得复合坯料在挤压前已经有了预先的结合，这更利于挤压过程中的固相结合，即可得到质量更佳的制品。

图 3-77 为挤压完成后制品界面的微观结构，可以看出：界面相晶粒尺寸非常细小均匀，与铜铝两相结合良好，界面相厚度在 10～15 μm。

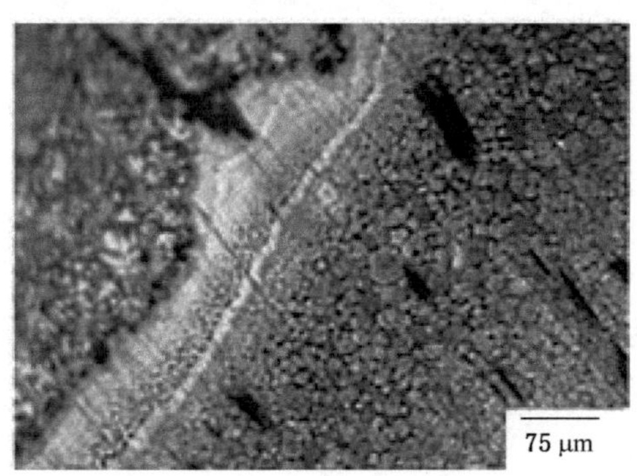

图 3-77 挤压制品界面的微观结构

3.7.4.2 过渡层成分分析

拉伸试样和冲击试样的断口形貌分析是在 KYKY-2800B 扫描电子显微镜下进行的，如图 3-78 所示。合金中晶界、晶内的微区化学成分分析是通过 EDS 能谱分析来完成的，如图 3-79 所示。

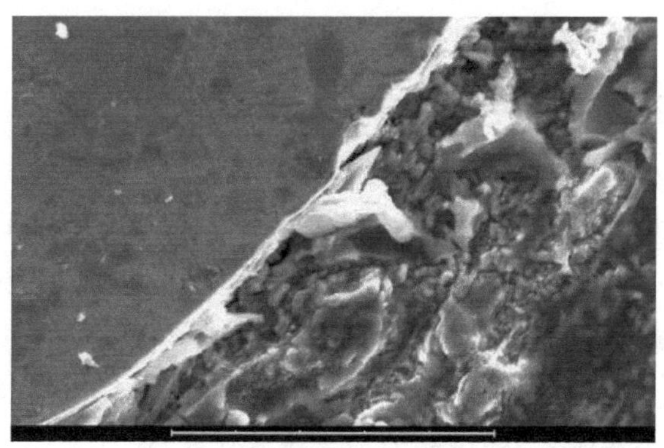

图 3-78 试样断口形貌

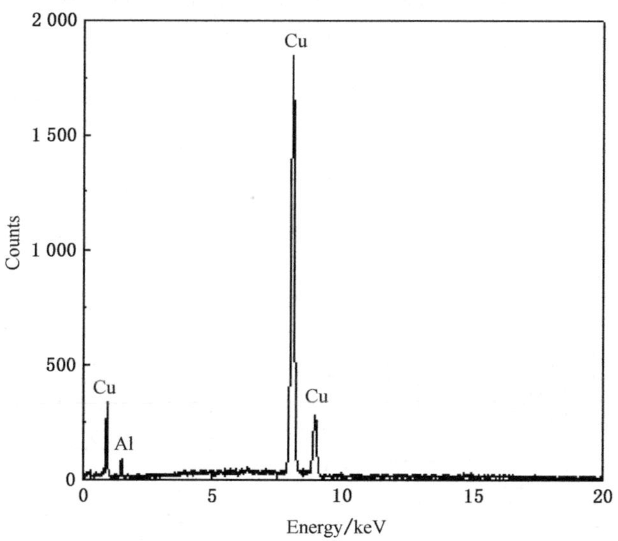

图 3-79 EDS 能谱分析

利用 KYKY-2800 扫描电子显微镜，对界面进行 EDS 能谱分析，表 3-8 给出了能谱分析的结果，可以看出界面相为铜铝两相元素的合金，铜包铝坯料的界面结合处的化学成分有 K、Kr，由质量比可以确定 Cu、Al 元素的原子比，即确定界面相为 Al_3Cu。

由于复合工艺水平的局限性，界面结合并非处处均匀完整，界面组成也是复杂多变，对界面结构的高分辨分析还十分困难。

表 3-8 能谱分析结果

元素	K	Kr	*W*%	*A*%	ZAF
Al	0.270 2	0.140 5	58.47	76.83	4.163 7
Cu	0.729 8	0.379 4	41.53	23.17	1.094 7
合计	1	0.519 8	100	100	—

3.7.5 挤压成形制品的力学性能测试

3.7.5.1 纳米压痕技术

纳米压痕技术是较为简单的测试材料力学性质的方法之一，可在纳米尺度上测量材料的各种力学性质，如载荷-位移曲线、断裂韧性(Fracture Toughness)、弹性模量(Elastic Modulus)、硬度(Hardness)、粘弹性(Viscoelastic)、应变硬化效应(Strain Hardening Effect)或蠕变(Creep)行为等。

纳米硬度计主要由轴向移动线圈、加载单元、金刚石压头和控制单元四部分组成。压头材料一般为金刚石，常用的有伯克维奇压头(Berkovich)和维氏(Vicker)压头。其结构示意图如图 3-80 所示。本次试验所使用的是美国 Hystron 公司的 TriboIndent 原位纳米力学测试系统，如图 3-81 所示。主要应用于精确定位条件下的薄膜、多相材料，及其材料的本构/界面、金属材料，及其材料的晶面/晶界、类金刚石碳涂层(DLC)、半导体材料、MEMS、天然材料(包括骨、牙齿、血管等)、生物材料、医用材料等各种各样的材料。其主要功能如下：Nano 压痕试验；Nano 划痕试验；Nano 摩擦磨损试验；在压痕、划痕、磨损前后的原位探针扫描成像。

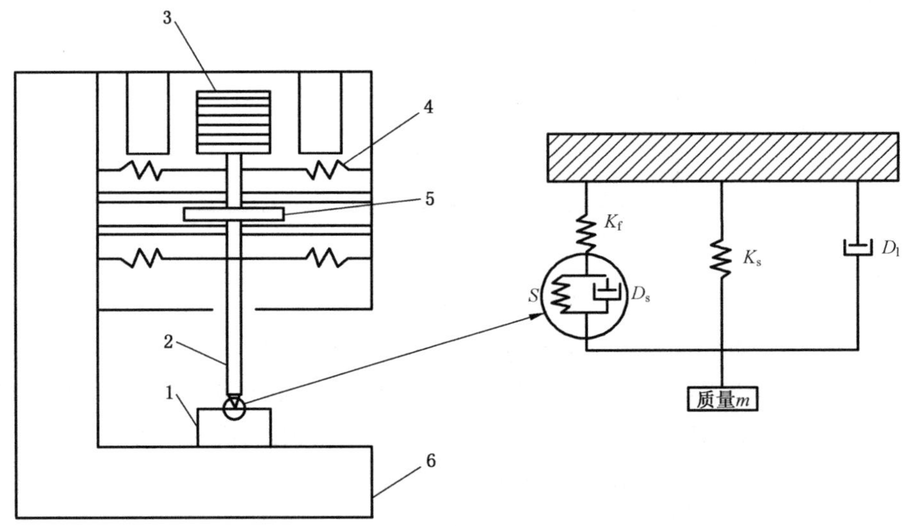

图 3-80　压入测量仪的工作原理示意图及其动力学模型

1—样品；2—压杆；3—加载线圈；4—支撑弹簧；5—电容位移传感器；6—机架

3.7.5.2 铜包铝挤压成形制品的纳米压痕性能测试

对于通常的材料，其硬度是随着晶粒尺寸的减小而增加的，这就符合了霍耳-晶粒关系：

$$H = H_0 + kd^{-1/2} \tag{3-27}$$

式中：

H ——硬度；

H_0——常数；

k ——系数；

d ——平均晶粒尺寸。

因此，根据这个关系，材料的解析力学和微观结构的分析结果可以通过测量其硬度值得到验证。

图 3-81　原位纳米力学测试系统

为了观察铜包铝在不同挤出程度时的力学性能的变化，选取挤压制品的刚进入挤压区域和已挤出的稳定区域，经车床车削，制取出如图 3-82 所示的直径不同的两个试件，其中图 3-82(a)试件的直径为 21 mm，图 3-82(b)试件的直径为 11.8 mm，试件厚度均约为 5 mm。

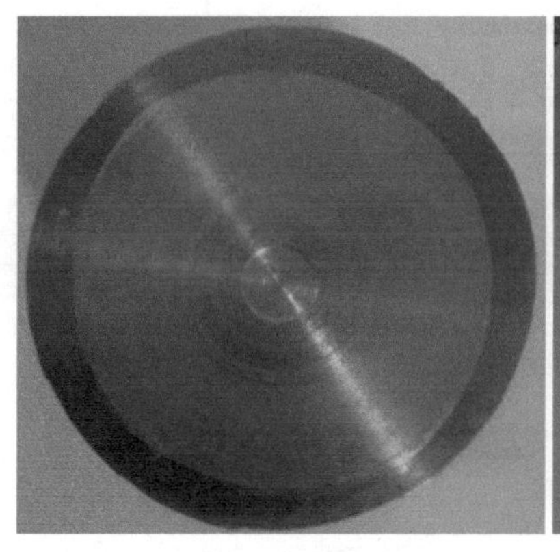

(a) 直径为21 mm

(b) 直径为11.8 mm

图 3-82　不同挤出状态时的试件横截面

因为纳米硬度计的压入深度为纳米级或亚微米级，故试件表面的平整程度直接影响到测试结果的精确度，所以在进行硬度测试前，试件应做如下准备：首先依次用 800 目、1 000 目的砂纸打磨；然后依次用 1 500 目、2 000 目的水印砂纸再次打磨；最后用抛光机进行抛光，直到在显微镜下观察试件表面较为平整为止。

首先测试直径为 21 mm 的试件，将试件安放在测试台上，通过计算机辅助设备在较为平整的地方选取测试点，测试点的具体位置如图 3-83 所示：点 1、2、3、4 在试件的外层铜材料上，其中 1、2 点靠近铜材料的外边沿；点 5、6 在铜、铝界面附近；点 7、8、9、10 在试件内层的铝材料上。测试得各点的硬度和弹性模量分别如图 3-84 和图 3-85 所示。

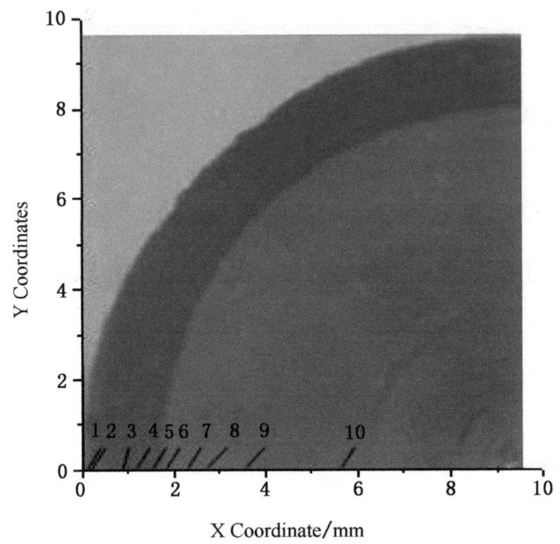

图 3-83　测试点位置示意图

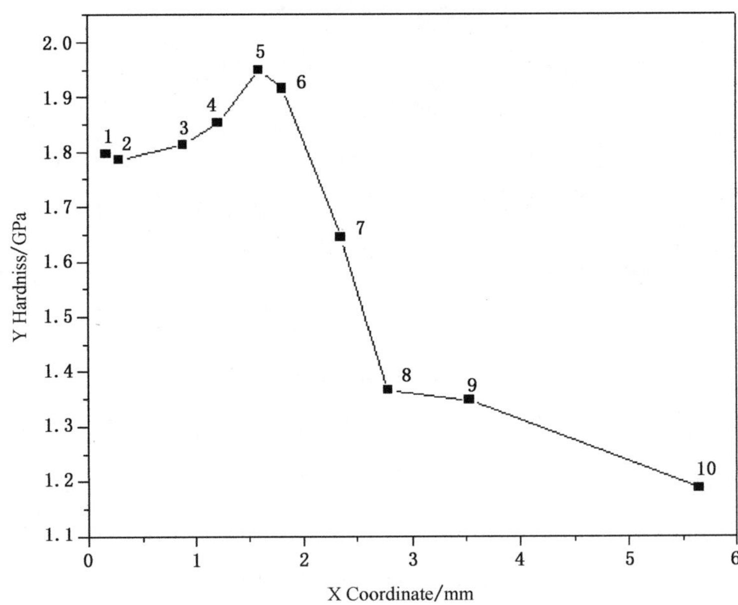

图 3-84　测试点各点的硬度

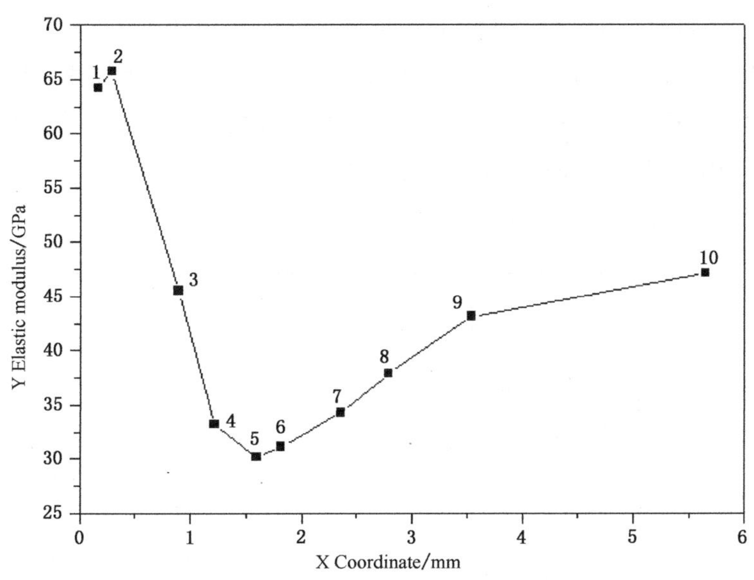

图 3-85　测试点各点的弹性模量

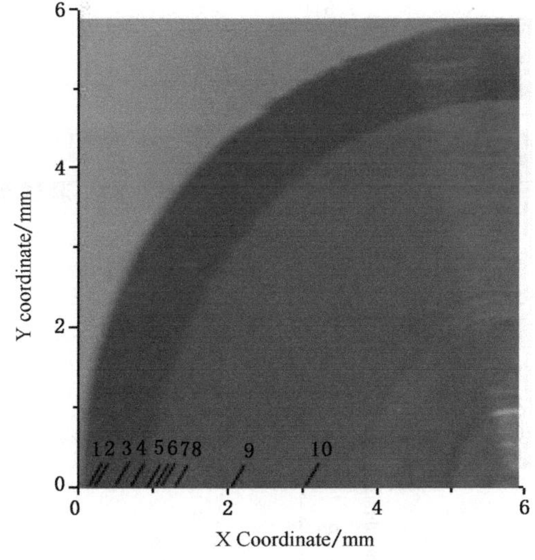

图 3-86　测试点位置示意图

由图 3-84 和图 3-85 可以看出，铜材料外层表面的硬度比铜材料稍内层的硬度高，这是因为挤压时，铜外层表面与挤压模具摩擦发生了硬化。随着接近铜铝界面，硬度值逐渐上升，这是因为挤压过程中，铜铝都发生延伸，露出了内层的新鲜金属，在强大的径向挤压力的作用下，铜铝界面结合并形成了铜铝合金。由于铝的硬度较小，所以过界面以后硬度值急剧减小，中心铝变形较小，硬度最小。弹性模量值的变化趋势刚好和硬度值的变化相反。

接下来把试验试件换成直径为 11.8 mm 的试件，重复之前的步骤，在较为平整的区域选取测试点，选取的测试点的具体位置如图 3-86 所示：点 1、2、3、4 在试件的外层铜材料上，其中 1、2 点靠近铜材料的外层表面；点 5、6 在铜、铝界面附近；点 7、8、9、10 在试件内层的铝材料上。测试得各点的硬度和弹性模量分别如图 3-87 和图 3-88 所示。

从图 3-87 和图 3-88 中可以看出，从试件的外层铜材料到试件的内层铝材料，其硬度的变化规律和直径为 21 mm 的试件从外向内硬度的变化规律相同，弹性模量的变化趋势也相同。但直径为 11.8 mm 的试件总体的硬度值要比直径为 21 mm 试件的高，这是因为经过较大程度的挤压后，铜和铝材料经过塑性变形，其内部组织晶粒被细化，所以硬度值大大提高。

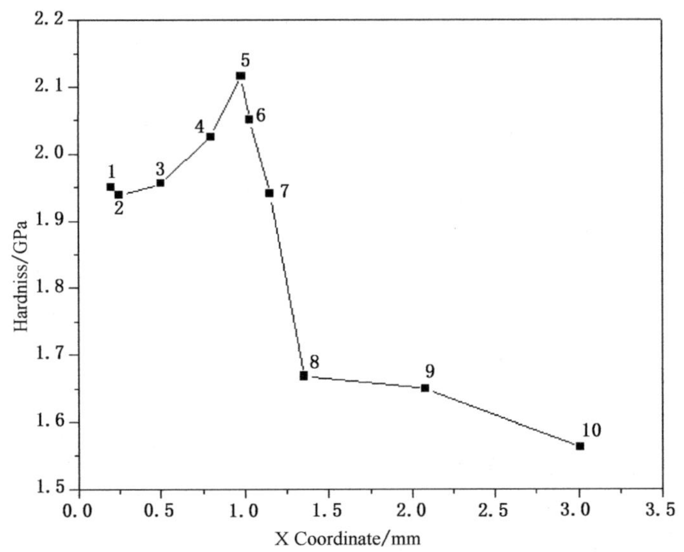

图 3-87　测试点各点的硬度

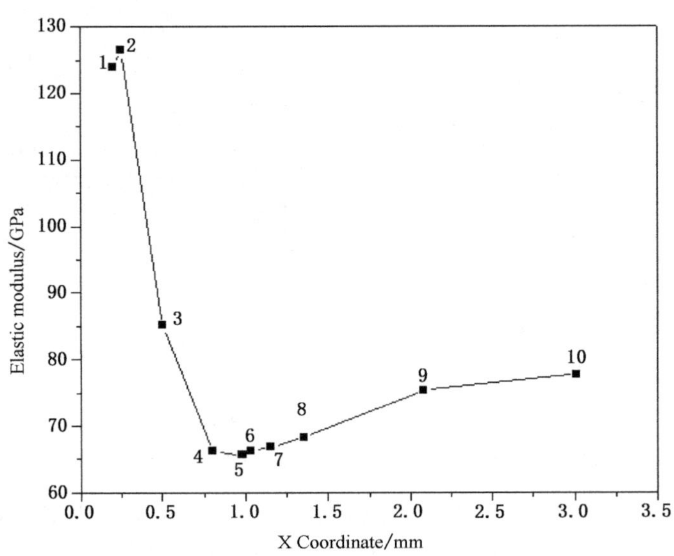

图 3-88　测试点各点的弹性模量

3.7.6　变形分区模型的建立

图 3-89 为铜包铝线挤压成形各变形区分布简图。将变形区划分成 A、B、C、D、E 五个区，A 区为挤压变形的锥形区域内靠近变形体中心线附近的区域，B 区为锥形变形区域的铝材料区域，C 区为铜铝结合面区域，D 区为锥形变形区域的铜材料区域，E 区为变形体与模具接触的外表面。根据试验时锥角试样的切割位置，选择一个横截面，在 A、B、D、E 四区的截面上对应各取一点，分别标记为 1、2、4、5，在 C 区的铝和铜的表面各取一点分别记为 3-1，3-2。通过有限元模拟技术分别提取材料完全挤出，制品处于稳定成形阶段的某一时刻，提取各点的主应力($\sigma_1,\sigma_2,\sigma_3$)和主应变值($\varepsilon_1,\varepsilon_2,\varepsilon_3$)，并采用公式 $\tau_{max}=(\sigma_1-\sigma_3)/2$ 和 $\gamma_{max}=\varepsilon_1-\varepsilon_3$ 计算最大剪应力 τ_{max} 和最大剪应变 γ_{max}，计算结果如表 3-9 所示。

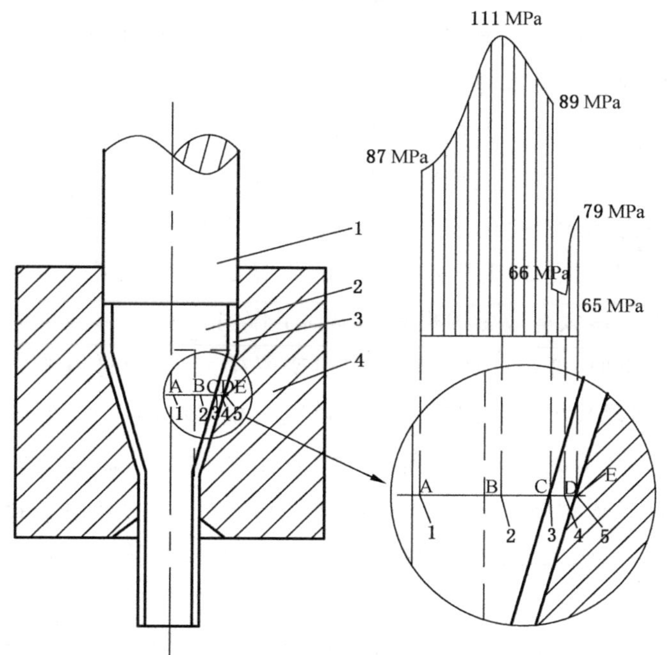

图 3-89　铜包铝线挤压变形分区模型

1—压头；2—铝坯料；3—铜坯料；4—挤压筒

从表 3-9 的应力分析可以看出：锥形变形各区域各点的应力状态均为三向压应力，这符合挤压变形的特点；最大剪应力出现在点 2，即 A 区和 B 区交界区域，该区域是锥形变形区与中心区的交界区域，中心区材料有自由向模口流出的趋势，而锥形区则受到锥形模角的阻挡，因此在该区域产生最大剪应力。5 点的最大剪应力也大于 4 点，这主要是由变形体外表面与挤压筒内表面的摩擦造成的。

表 3-9 图 3-89 中各点的主应力与主应变值

点		σ_1/MP	σ_2/MP	σ_3/MP	τ_{max}/MP	ε_1	ε_2	ε_3	γ_{max}
1		−182	−321	−356	87	0.771 0	−0.313 0	−0.471 0	1.242 0
2		−148	−247	−370	111	1.581 0	−0.750 6	−0.883 2	1.633 8
3-1	Cu	−144	−295	−322	89	0.805 1	−0.265 5	−0.544 8	1.349 9
3-2	Al	−189	−291	−321	66	1.693 0	−0.586 6	−0.932 8	2.625 8
4		−219	−330	−350	65	0.436 0	−0.185 0	−0.247 0	0.638 0
5		−143	−280	−300	79	0.835 3	−0.302 5	−0.526 7	1.362 0

从表 3-9 的应变分析可以看出：变形区域各点的应变状态均为一向拉应变和两向压应变，这与挤压变形的应变特点也是一致的；最大剪应变的最大值出现在铜铝截面的铝的表面上（点 3-2），数值远大于 1、2 两点的最大剪应变数值，这主要是由于界面上两种材料存在相对滑动而产生摩擦，从而造成了大的剪应变状态；铜铝截面的铝的表面上点 3-2 的最大剪应变数值也明显大于界面上铜（点 3-1）的剪应变数值，但界面上铜（点 3-1）的最大剪应变数值明显大于铜材料的内部区域（点 4），说明界面之间的相对滑动所产生的摩擦对与界面上剪应变的提高起到了重要作用；坯料外表面的最大剪应变（点 5）明显大于点 4 的剪应变，也说明了坯料外表面与挤压筒内表面的摩擦对于最大剪应变的提高也起到了作用。

在冷挤压变形时，变形区域的最大剪应变值越大，说明材料的剪切变形程度越大，越有利于材料晶粒尺寸的细化。与微观组织相对应，对于变形区域的铝材料来说，晶粒从变形体中心到界面处逐渐变得细小，在界面上所受最大剪应变值最大，因此界面处的铝晶粒最为细小；对于变形区域的铜材料，由于其内外表面均受到剪切摩擦作用，均导致了较大的剪应变状态，所以其晶粒尺寸从中心到两个表面逐渐变得细小。

双金属复合材料挤压变形过程中晶粒尺寸的分布规律与单一金属挤压有所不同，晶粒尺寸出现明显的分区现象，在靠近铜铝界面处的晶粒尺寸远细于距离界面较远的区域。将有限元模拟技术和最大剪应变原理相结合，可以对金属挤压变形过程的应力应变状态进行分析，从而对材料的微观组织分布状况进行解释和预测。

第4章　铜包铝复合材料铸造-轧制工艺

4.1　引言

随着先进材料工业的发展，现代工业技术对材料的性能提出了更高、更严格的要求。除普遍要求材料具有高强度、高韧性、小比重的特性外，航空航天和其他的一些工业技术领域还要求提高材料的耐高温性、耐腐蚀性，并同时具有价格低廉等特点，单一材料已经很难满足各种广泛的性能需求。因此，含有两种或多种金属的复合金属材料便以其独特的属性应运而生并迅速发展，例如高强度合金钢、铜包铝复合材料、满足要求的特殊合金等。

铜材料的导电、导热性能良好，并具有较强的耐腐蚀性，因此一直是导电、导热体的首选材料。但由于铜资源比较稀少，导致纯铜的价格较高，铝的价格低于铜，且铝的密度还不到铜的三分之一，也就是说在重量相同的情况下，铝材的长度是纯铜材的3倍，并且在高频信号(大于5 MHz)的传输中，会产生使高频电流集中在导体的表面传输层的“趋肤效应”。加上铝材料也具有良好的导电性能，所以用铝材来部分替代铜材是非常理想且有实际依据的想法，可以大大节省我国较为缺乏的铜资源，对合理利用资源有重要意义。

铜包铝复合材料集铜、铝两种金属的物理、化学、力学性能和价格差别等特点于一身，不仅具有铜的导电性好、接触电阻小等特点，而且具有铝比重小、重量轻、价格经济、便于运输和安装的特点，是一种综合性能优良的新型复合材料。可广泛用于电子、电器、电力、冶金设备、机械、汽车、能源和生活用具等各个领域。随着复合技术的迅速发展，在保证导电性能的前提下，用价廉的铝材料部分替代铜材料以降低生产成本，开发出综合性能优良的铜、铝复合材料，已经成为国内外研究者努力的目标。

铜、铝复合材料主要包括铜包铝线和铜包铝板。目前，制备铜包铝板的方法主要有爆炸复合法、浇铸复合法、轧制复合法、电磁连铸法等。铜包铝线的制备方法有多种，包括铝线镀铜法、包覆焊接法、传统挤压法，还有目前较为先进的静液挤压法和连续挤压法。本章采用一种充芯低压压铸的方法制备铜包铝板坯料，再进行后续冷轧来制备铜包铝板；采用一种充芯低压压铸的方法制备铜包铝线坯料，再进行后续冷挤压的方法制备铜包铝线。利用有限元模拟与实验相结合的方法，对铜、铝复合时的铜、铝微观组织的变化和结合界面的结合性能及微观强度进行了深入系统的研究，并把铜、铝复合板材和线材相应的性能作了比较。

4.2 铜包铝复合板材轧制变形的理论分析

4.2.1 铜包铝复合板材铸造-轧制工艺的制定

铜、铝复合板材可以用作代替纯铜材料板材或作为特殊综合性能材料，可广泛应用于电子、电器、电力、冶金设备、机械、汽车、能源和生活用品等各个领域。因此铜、铝双金属复合板材的生产工艺成为国内外研究人员关注的热点。目前，生产铜、铝双金属复合板材的主要方法之一就是轧制法，即铜板、铝板表面清洗后直接叠放在一起进行轧制，通过大的压下量使铜板、铝板均匀地减薄和伸长，然后再经过热处理来实现铜、铝复合板材界面的冶金结合，或者直接进行热轧使铜、铝板结合。生产实践证明这种方法生产出来的产品具有结合面结合性能差的缺点，使得铝芯在外力作用下即可与上下铜皮包覆层脱离，严重影响了产品的使用性能。为解决此类问题，有研究人员提出了铸轧法、充芯连铸法等生产铜铝复合板材的新工艺，打破了初始毛坯都是固固结合的传统做法，得到了结合良好的铜铝复合板材制品。在此基础上，提出铸造-轧制工艺生产铜铝双金属复合板材的方法，采用低压压铸将铝液浇铸到放有铜板的铸模当中，冷却凝固以后再进行后续的轧制加工，具体加工工艺流程：铜板定尺寸下料—铝液低压压铸至铸模内—冷却凝固—冷轧成形。该工艺方法加强了固相结合性能，提高了铜包铝复合板的导电率，降低了传输过程中的能量损失。

4.2.2 铜包铝复合板材铸造-轧制工艺流程编制

通过对国内外铜包铝复合板材生产工艺的分析，在参考大量文献的基础上，初步拟定铜包铝复合板轧制生产工艺流程，如图 4-1 所示。

4.2.3 轧制条件假设

轧制是轧件被轧辊与轧件之间的摩擦力拉入变形区产生塑性变形的过程，通过轧制使轧件具有满足要求的尺寸、形状和性能。按轧制方法与变形特点可将轧制分为纵轧、横扎和斜轧等几种，本章的研究采用的是纵轧。

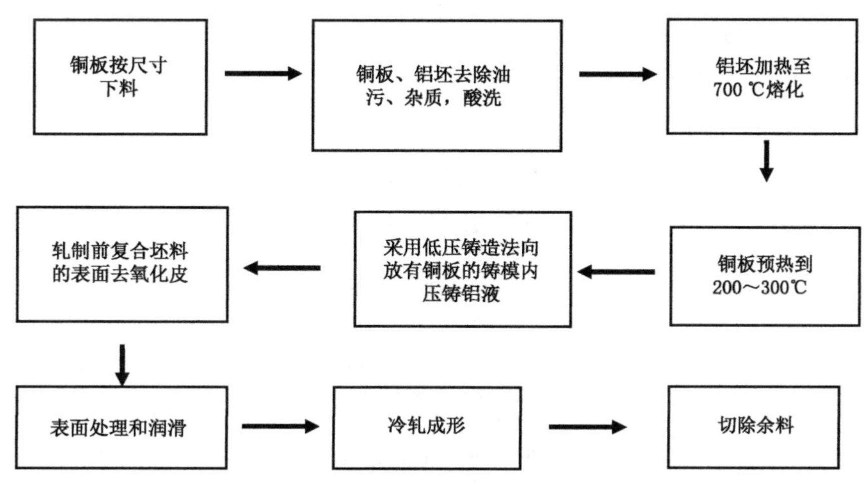

图 4-1　铜包铝排生产工艺流程

目前人们对轧制理论的研究大多是从简单轧制条件开始的，复合金属的轧制理论相当复杂，所以对铜、铝的轧制复合理论的研究也要在简单轧制条件的基础上做一些假设，首先对轧制过程附加一些假设条件。这些条件是：

(1) 对轧辊提出的假设：上下两轧辊为圆柱体且直径相同；其材质与表面状况相同；两轧辊中心线平行且在同一垂直平面内；两轧辊完全是刚性的，不考虑其弹性变形；两轧辊都是主动辊且转速相同。

(2) 对轧件提出的假设：轧制前后轧件的横截面均为矩形或方形，轧件内部各部组织和性能相同（铜、铝的复合轧制，但和上、下轧辊直接接触的都是铜金属，且铜材和铝材各自内部组织、性能均匀，所以可近似认为整体轧件内部各部组织和性能相同），表面的平整、粗糙等状况，尤其是和上、下轧辊相接触的坯料的两水平表面的状况相同。在轧制过程中，除了轧辊对轧件的作用力以外，没有其他外力作用于轧件上。

当符合这些条件时，轧辊与轧件接触面上的外摩擦系数相同，每一轧辊对轧件的压下量相等，轧制过程对称于中间轧制水平面。

4.2.4　轧制变形区及变形区主要参数

在轧制过程中，轧件与轧辊接触并产生塑性变形的区域称为变形区，如图 4-2 所示的 A、B、C、D 区域。变形区的主要参数有：

轧辊直径 D 或半径 R；

压下量：$\Delta h = H - h$；

接触弧：轧辊与轧件接触的 AB、CD 弧；

咬入角：接触弧所对应的圆心角 α；

变形区长度：接触弧的水平投影 l。

(1) 咬入角：

$$\Delta h = 2(R - R\cos\alpha) \tag{4-1}$$

$$\Delta h = D(1 - \cos\alpha) \tag{4-2}$$

$$\cos\alpha = 1 - \frac{\Delta h}{D} \tag{4-3}$$

$$\sin\frac{\alpha}{2} = \frac{1}{2}\sqrt{\frac{\Delta h}{R}} \tag{4-4}$$

当 α 很小时($\alpha < 10°$)，取 $\sin\frac{\alpha}{2} = \frac{\alpha}{2}$，此时可得：

$$\alpha = \sqrt{\frac{\Delta h}{R}} \tag{4-5}$$

式中：

D,R ——轧辊的直径和半径；

Δh ——压下量。

显然，当轧辊半径 R 一定时，咬入角 α 越大，则压下量 Δh 越大，从而咬入越困难。

(2) 接触弧长：

在$\triangle OAE$ 中：

$$AE^2 = R^2 - OE^2 = R^2 - (R - BE)^2 \tag{4-6}$$

式中：

$AE = l$；

$BE = \frac{\Delta h}{2}$。

$$l^2 = R^2 - \left(R - \frac{\Delta h}{4}\right)^2 \tag{4-7}$$

$$l = \sqrt{R\Delta h - \frac{\Delta h^2}{4}} \tag{4-8}$$

式中$\frac{\Delta h^2}{4}$较 $R\Delta h$ 要小得多，可以忽略。

$$l = \sqrt{R\Delta h} \tag{4-9}$$

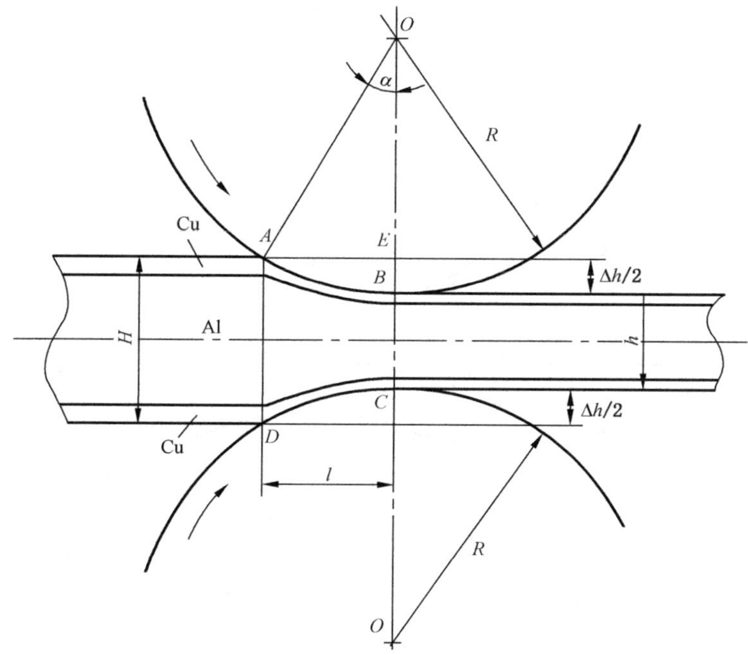

图 4-2　轧制过程示意图

4.2.5　轧辊咬入轧件的条件

建立正常的轧制过程，首先要使轧辊咬入轧件。轧辊咬入轧件是有一定条件的，简称咬入条件。轧件通过轧道或其他方式送往轧辊与轧辊接触时，轧件给轧辊两个力，如图 4-3 所示，即法向力 N_0 和切向力 T_0（摩擦力，它阻碍轧辊旋转，故与轧辊旋转方向相反）。而每个轧辊给轧件两个反作用力 N 和 T（N_0 与 T_0 大小相等，方向相反）。轧辊作用在轧件上的力 T 的水平分力 $T_x = T\cos\alpha$ 是咬入力，即前拉力。N 的水平力 $N_x = N\sin\alpha$ 是阻止力，即推后力。

由此可见，在没有附加外力作用的条件下，使轧辊咬入的条件必须是：

$$2N_x \leqslant 2T_x \tag{4-10}$$

$$N_x = N\sin\alpha T_x = T\cos\alpha \tag{4-11}$$

$$2N\sin\alpha \leqslant 2T\cos\alpha \tag{4-12}$$

设 f 和 β 是轧辊与轧件之间的摩擦系数和摩擦角（$f = \tan\beta$），根据摩擦定律：$T = fN$ 代入式(4-12)

$$2N\sin\alpha \leqslant 2fN\cos\alpha \tag{4-13}$$

$$\tan\alpha \leqslant f \text{ 或者 } \tan\alpha \leqslant \tan\beta$$

$$\alpha \leqslant \beta \tag{4-14}$$

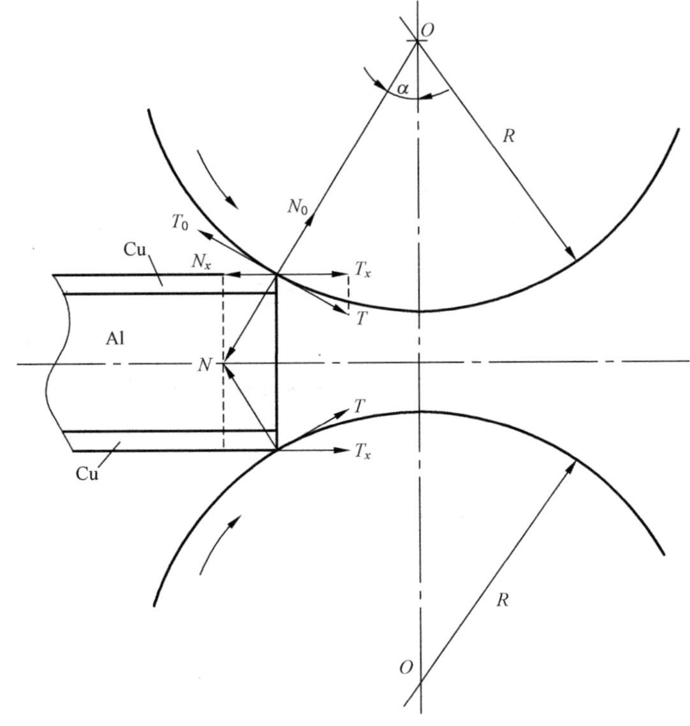

图 4-3 轧辊咬入轧件时的受力图

初始轧坯是通过铸模铸在一起的铜铝板，铜和铝已经有了初始的机械结合，所以只要铜能实现咬入，铜铝之间的静摩擦足以对铝提供向前的牵引力，实现铜铝的复合轧制过程。

故得，咬入条件为：轧辊与轧件之间的摩擦系数 f 必须大于等于咬入角 α 的正切，或者轧辊与轧件之间的摩擦角 β 必须大于等于咬入角 α。否则，轧辊就不能咬入轧件，轧制过程就不能建立。可见，轧辊咬入轧件是依靠轧辊与轧件接触面间的摩擦力而实现的。

4.2.6 最大压下量的计算方法

式(4-1)给出了压下量、轧辊直径及咬入角三者的关系，在轧辊直径一定的条件下，根据咬入条件通常采用如下两种方法来计算最大压下量。

1. 按最大咬入角计算最大压下量

由式(4-1)不难看出，当咬入角最大时，相应的压下量也是最大的，由此可得：

$$\Delta h_{\max} = D(1 - \cos\alpha_{\max}) \tag{4-15}$$

在实际生产中，可根据不同的轧制条件，查相关表格便可获取所允许的最大咬入角。

2. 根据摩擦系数计算压下量

前面已经确定了如下关系：

$$f = \tan\beta\alpha_{\max} = \beta \tag{4-16}$$

$$\tan\alpha_{\max} = \tan\beta \tag{4-17}$$

根据三角关系可知：

$$\cos\alpha_{\max} = \frac{1}{\sqrt{1+\tan^2\beta}} = \frac{1}{\sqrt{1+f^2}} \tag{4-18}$$

将式(4-18)代入式(4-15)中，整理便得出根据摩擦系数计算最大压下量的公式，即

$$\Delta h_{\max} = D\left(1 - \frac{1}{\sqrt{1+f^2}}\right) \tag{4-19}$$

4.2.7　轧制时的前滑与后滑

实践证明，在轧制过程中轧件在高度方向受到压缩，一部分金属纵向流动，使轧件形成延伸，而另一部分金属横向流动，使轧件形成宽展。轧件的延伸是被压下金属向轧辊入口和出口流动的结果。如图 4-4 所示，在轧制过程中，轧件出口速度 V_h 大于轧辊在该处的线速度 V，即 $V < V_h$ 的现象称为前滑现象。而轧件进入轧辊的速度 V_H 小于轧辊在该处的线速度 V 的水平分量 $V\cos\alpha$ 的现象称为后滑现象。

在轧制理论中，通常将轧件出口速度 V_h 与对应点的轧辊圆周速度的线速度之差与轧辊圆周速度的线速度的比值称为前滑值，即：

$$S_h = \frac{V_h - V}{V} \tag{4-20}$$

式中：

S_h ——前滑值；

V_h ——在轧辊出口处轧件的速度；

V ——轧辊的圆周速度。

同样，后滑值是指轧件入口断面轧件的速度与轧辊在该点处圆周速度的水平分量之差同轧辊圆周速度水平分量之比值来表示，即：

$$S_H = \frac{V\cos\alpha - V_H}{V\cos\alpha} \tag{4-21}$$

式中：

S_H ——后滑值；

V_H ——在轧辊入口处轧件的速度。

计算前滑的公式有很多，较为常见的为芬克前滑公式。这一公式的得出是建立在一系列的假设上的，其中有：

(1) 金属在变形区中任一垂直横截面上轧件的运动速度是一致的；

(2) 沿着整个接触弧，各点的摩擦系数相等，且为一常数；

(3) 轧制时宽展很小，可以忽略不计；

(4) 轧辊为一刚体，无弹性压扁。

如图 4-4 所示，在中立面上，轧件的速度与轧辊水平分速度相等，即：

$$V_\gamma = V\cos\gamma \tag{4-22}$$

按流经中立面与出口截面金属秒体积相等原理，并忽略宽展，得到：

$$h_\gamma V_\gamma = hV_h \tag{4-23}$$

将式(4-22)代入上式，经整理后得到：

$$\frac{V_h}{V} = \frac{h_\gamma \cos\gamma}{h} \tag{4-24}$$

$$h_\gamma = h + D(1 - \cos\gamma) \tag{4-25}$$

把式(4-25)代入式(4-24)中得：

$$\frac{V_h}{V} = \frac{h + D(1 - \cos\gamma)}{h} \tag{4-26}$$

将式(4-26)代入式(4-20)后，即得芬克前滑公式，即：

$$S_h = \frac{\cos\gamma\,[h + D(1 - \cos\gamma)]}{h} - 1 \tag{4-27}$$

同理，根据流经入口与出口截面金属秒体积相等的原则，可推导出后滑公式，即：

$$V_H HB = V_h hb \tag{4-28}$$

$$V_H = \frac{hb}{HB} V_h = \frac{V_H}{\mu} \tag{4-29}$$

根据式(4-21)得：

$$S_H = 1 - \frac{\cos\gamma\,[h + D(1 - \cos\gamma)]}{\mu h \cos\alpha} \tag{4-30}$$

显然，无论采用哪种公式计算前滑，现在都还存在有一个未能解决的问题，这就是在下一小节中将要讨论的中立角 γ 问题。

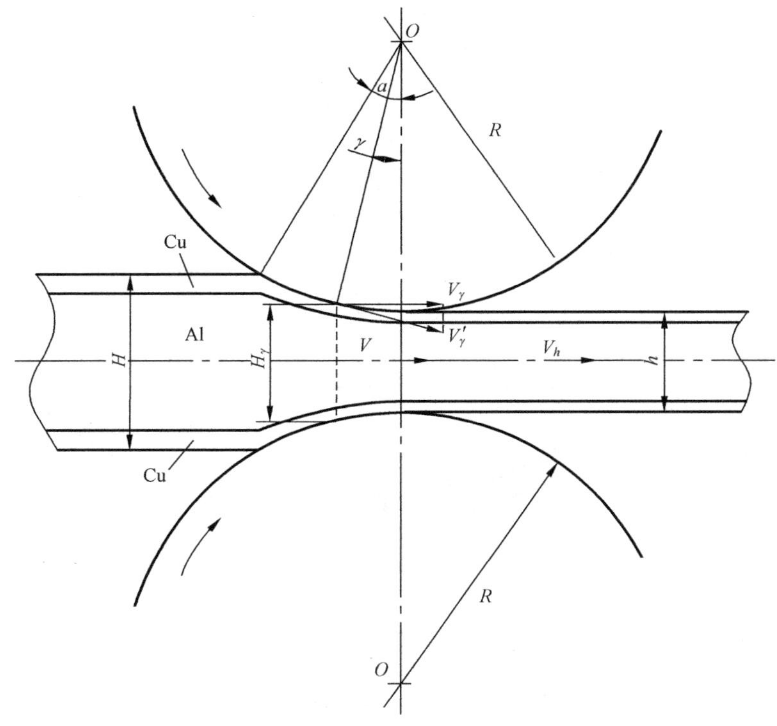

图 4-4　中立面与出口截面的速度和高度

4.2.8　中立角 γ 的计算

中立角 γ 是决定变形区内金属相对轧辊运动速度的一个参量。下面讨论一下确定中立角的问题。轧件所受的水平力如图 4-5 所示。中立角的计算公式也是在一些假设条件的基础上推导出来的，即：

(1) 咬入角的数值不大，摩擦力 T_H 与 T_h 可近似视为二水平力；

(2) 沿咬入弧径向单位压力平 P 分布均匀，N 为 N_H 与 N_h 的等效力，且各径向力作用于相应接触弧的中央；

(3) 前滑区与后滑区的摩擦系数相等；

(4) 宽展忽略不计。

根据变形区中水平方向作用力相互平衡的条件可知：

$$\sum X = T_H - N_x - T_h = 0 \tag{4-31}$$

式中：

T_H ——后滑区中轧件所受之水平摩擦力；

T_h ——前滑区中轧件所受之水平摩擦力；

N_x ——径向总压力 N 的水平分力，$N=N_H+N_h$。

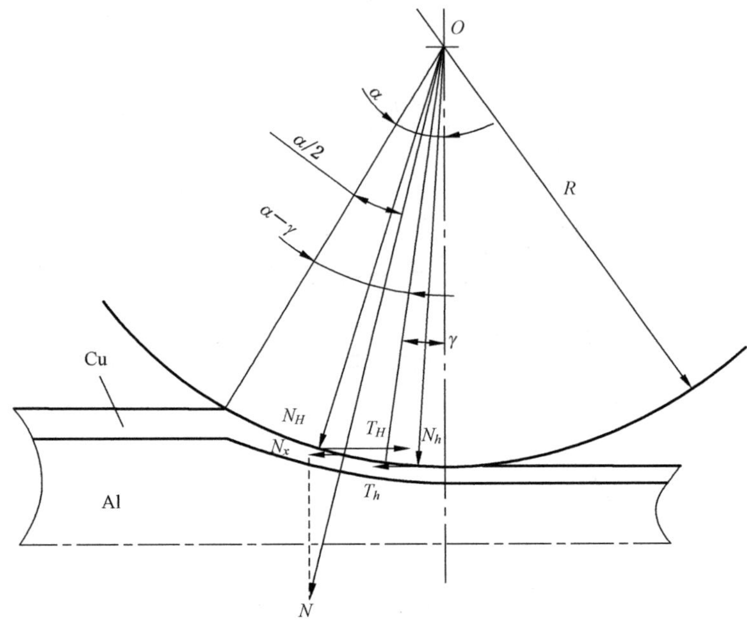

图 4-5　轧件受水平力的近似分析

$$T_H \approx N_H f = (\alpha - \gamma)Rpf \tag{4-32}$$

$$T_h \approx N_h f = \gamma Rpf \tag{4-33}$$

$$N_x = N\sin\frac{\alpha}{2} = \alpha Rp\sin\frac{\alpha}{2} \approx \frac{\alpha^2}{2}Rp \tag{4-34}$$

将式(4-32)、(4-33)、(4-34)代入式(4-31)中，并经整理后，得出 α、β 与 γ 三个特征角的关系式，即：

$$\gamma = \frac{\alpha}{2}\left(1 - \frac{\alpha}{2\beta}\right) \tag{4-35}$$

现对式(4-35)讨论如下：

当 $\alpha=0$ 或者 $\alpha=2\beta$ 时，$\gamma=0$；

当式(4-35)的一阶导数为零时，可求得中立角的最大值，即：

$$\frac{d\gamma}{d\alpha} = \frac{1}{2} - \frac{\alpha}{2\beta} = 0 \tag{4-36}$$

在 $\alpha=\beta$ 时(临界咬入条件下)，γ 有最大值：

$$\gamma_{max} = \frac{\beta}{4} \tag{4-37}$$

按以上讨论，可得 α、β 与 γ 之间的关系，如图 4-6 所示。

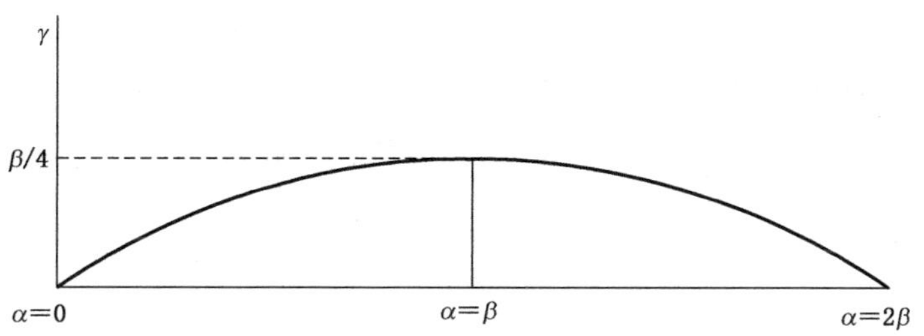

图 4-6　咬入角、摩擦角与中立角之间的关系

4.2.9　铜铝复合轧制过程中金属流动规律

假设冷轧结合过程是平面应变状态，另外，在上辊和下辊上正应力的分布是均等的。金属塑性变形满足米塞斯屈服准则，铜铝复合轧制的轧隙可以分为五个区：弹性区、单材料塑性区、后滑区、揉轧区、前滑区。不同的变形区列举为 1、2、3、4、5 区，如图 4-7 所示。

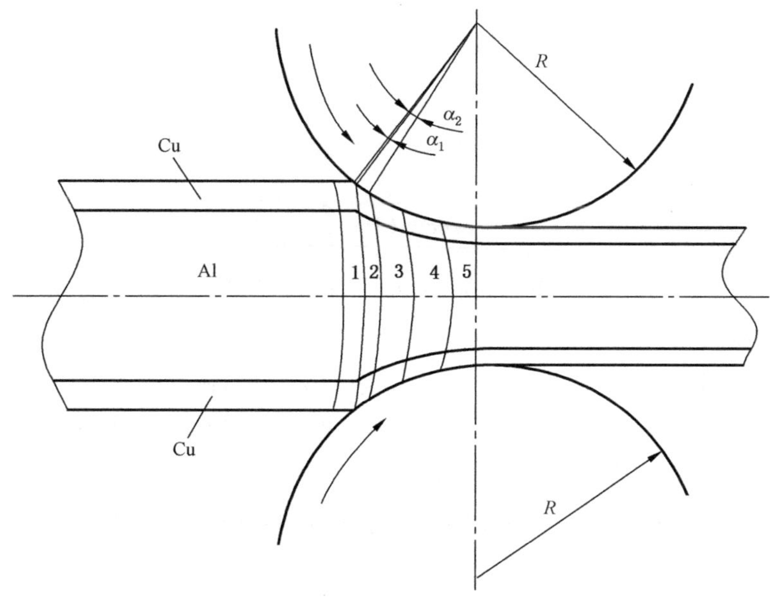

图 4-7　铜、铝轧制复合原理示意图

1 区为弹性区。在入轧辊之前，轧件表面层和中心层都发生了变形，这充分说明了在外端和几何变形区之间有变形过渡区，在这个区域内，铜和铝都处于弹性变形。

2 区为单材料塑性区。在 1 区与 2 区交界处，铝开始发生屈服。此时轧辊旋转角度 $\alpha_x=\alpha_1$。

在轧件咬入后，设当轧辊旋转角度为 α_x 时，压下量为 Δh_x。此时轧件组元铝沿轧辊中心连线方向的应变 ε_1 可近似为：

$$\Delta h = R - R\cos\alpha_x = R(1-\cos\alpha) \tag{4-38}$$

$$\varepsilon_1 = k\frac{\Delta h_x}{H} = k\frac{R(1-\cos\alpha_x)}{H} \tag{4-39}$$

式中：

k——铜、铝初始厚度比例一定且轧制压下量一定时，铝的减薄量与铜、铝总的减薄量的比值。

根据广义胡克定律得：

$$\sigma_1 = E_1\varepsilon_1 = E_1 k\frac{R(1-\cos\alpha_x)}{H} \tag{4-40}$$

式中：

σ_1——铝的应变为 ε_1 时对应的应力；

E_1——铝常温下的弹性模量。

当 σ_1 达到铝的屈服应力 σ_{s1} 时，可联立式(4-40)求得相应的 α_x 的值如下：

$$\sigma_1 = E_1\varepsilon_1 = E_1 k\frac{R(1-\cos\alpha_x)}{H} = \sigma_{b1}$$

$$\alpha_x = \arccos(1-\frac{\sigma_{b1}H}{E_1 kR}) \tag{4-41}$$

在 1 区，经计算，α_1 的值很小，在0.1°左右，因此可以认为轧件刚被咬入，铝就发生了塑性变形。

3 区为后滑区。$\alpha_x=\alpha_2$ 时，在 2 区与 3 区的交界处，铜开始发生屈服。相对于 2 区，铜和铝在 3 区内在轧制方向上发生了明显的延伸变形，界面处铜、铝表面开始出现微小的裂纹，开始露出底层的新鲜金属。

轧辊旋转角度为 α_x 时，铜沿轧辊中心连线方向受的应力：

$$\sigma_2 = E_2(1-k)\frac{R(1-\cos\alpha_x)}{H} \tag{4-42}$$

当 σ_2 达到铜的屈服应力 σ_{s2} 时，联立式(4-42)可求得相应的 α_x 的值：

$$\alpha_x = \arccos\left(1-\frac{\sigma_{b1}H}{E_1(1-k)R}\right) \tag{4-43}$$

经计算，α_2 的值在 1°～3°之间。

4 区为揉轧区。在此区域，铜和铝发生剧烈的塑性变形，因为铜和铝初始的机械结合阻碍了铜、铝在界面上相对滑动，所以塑性变形主要表现为在轧制方向上的延伸，这就加剧了界面上铜、铝表面上裂纹的产生，底层新鲜金属大量涌现，这有利于铜铝产生稳固的结合界面。

5 区为前滑区。两种金属在 5 区域内受到巨大的压力，使得界面处在 4 区内产生的新鲜金属结合在一起，最终得到一个结合强度很高的界面。

4.2.10 铜铝轧制复合时轧制压力的计算

通常所谓的轧制压力是指安装在压下螺丝下的测压仪实测的总压力，即轧件给轧辊的总压力的垂直分量。但只有在简单轧制情况下，轧件对轧辊的合力方向才是垂直的。若假设轧件沿宽度方向接触面上的单位压力均匀分布，并如图 4-8 所示，变形区内某一微分体上作用有轧辊对轧件的单位压力 p 和单位摩擦力 t，则轧制压力可用下式求得：

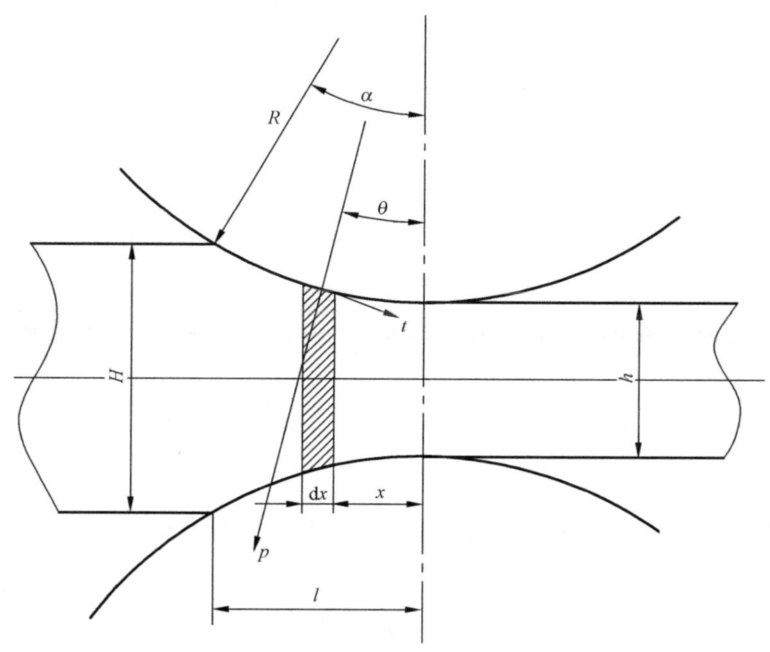

图 4-8 作用于轧件微分体上的力的示意图

$$P=\overline{B}\left(\int_0^l p\cos\theta\frac{\mathrm{d}x}{\cos\theta}+\int_r^l t\sin\theta\frac{\mathrm{d}x}{\cos\theta}-\int_0^{l_r} t\sin\theta\frac{\mathrm{d}x}{\cos\theta}\right) \tag{4-44}$$

式中：

θ ——变形区任一微分体对应的轧辊圆心角(rad)；

$\overline{B}$ ——变形区内轧件的平均宽度，$\overline{B}=(B+b)/2$，忽略宽展时，$\overline{B}=B$(mm)；

l_r ——中性面到出口断面的距离(mm)；

l ——变形区长度(mm);

p ——单位压力(MPa);

t ——单位摩擦力(MPa)。

由于式中第二项、第三项与第一项相比,其值甚小,生产中完全可以忽略,即:

$$P=\overline{B}\int_0^l p\cos\theta\,\frac{\mathrm{d}x}{\cos\theta}=\overline{B}\int_0^l p\,\mathrm{d}x \tag{4-45}$$

这样,轧制压力为微分体上的单位压力 p 与微分体接触表面积之水平投影面积的乘积的总和。

$$P=\overline{Bp}\int_0^l \mathrm{d}x=\overline{pBl}=\overline{p}F \tag{4-46}$$

式中:

$\overline{p}$ ——平均单位压力;

F ——轧辊与轧件实际接触面积的水平投影,间接接触面积。

$$F=\overline{B}l=\frac{B+b}{2}\sqrt{R\Delta h} \tag{4-47}$$

$$\overline{p}=mn_\sigma\sigma_s \tag{4-48}$$

式中:

m ——考虑中间主应力影响的系数,在 1～1.15 范围内变化,若忽略宽展,认为轧件产生平面变形,$m=1.15$;

σ_s ——金属的变形抗力;

n_σ ——应力状态系数。

应力状态系数决定于变形区内金属的应力状态。其数值按影响变形区应力状态的主要因数,由下式确定:

$$n_\sigma=n'_\sigma n''_\sigma n'''_\sigma \tag{4-49}$$

式中:

n'_σ ——考虑外摩擦影响的系数;

n''_σ ——考虑外区影响的系数;

n'''_σ ——考虑张力影响的系数。

综合上述,忽略宽展时轧制压力可表示为:

$$P=m\sigma_s n'_\sigma n''_\sigma n'''_\sigma B\sqrt{R\Delta h} \tag{4-50}$$

4.3　铜包铝复合材料铸造-轧制成形的有限元模拟

4.3.1　Marc 有限元数值模拟的建模步骤

利用 Marc 软件对铜包铝排轧制成形过程进行有限元模拟。整体模型沿轧辊轴线的垂直方向具有对称性，为减少计算的工作量，模型建成整个模型的 1/2，主要步骤如下：

（1）模型建立。Marc 本身自带有一定的建模功能，可以直接对简单的模型建模，本模拟利用 Marc 软件来直接建立几何模型，铜板厚度为 1 mm，铝板厚度为 6 mm，轧制压下量为 50%。

（2）进行网格划分。采用自动生成网格的划分功能分别对铜板和铝板进行网格划分。首先对 X-Y 面划分网格，然后把生成的网格向 Z 轴扩展，以 4 的间隔扩展 10 个。单元总数共 9 600 个。铜和铝的网格划分情况分别如图 4-9(a)、(b)所示。

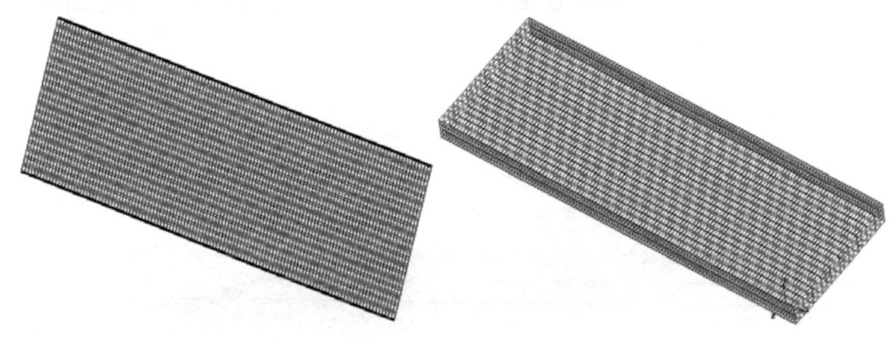

(a) 铜的网格划分情况　　(b) 铝的网格划分情况

图 4-9　铜和铝的网格划分情况

（3）材料参数的定义。所用材料为紫铜和纯铝，两种材料在室温下的典型力学性能如表 4-1 所示。分别定义铜板和铝板的泊松比和弹性模量并输入铜和铝的应力-应变曲线。

表 4-1　材料的性能参数

类别	抗拉强度/MPa	屈服强度/MPa	伸长率/%	硬度 HBS/MPa	弹性模量/GPa	泊松比
紫铜	200～240	70～90	45～50	35～45	107.9	0.35
纯铝	80～100	30～50	35～40	25～30	68	0.3

（4）接触的定义。接触体按类型定义，其中铜板和铝板为变形体，轧辊、推板定义为刚体，轧辊旋转速度为 0.25 r/s，推板按设置的推进表格曲线向前推进。在接触表(CONTACTTABLES)中设置为铜板与铝板、轧辊、推板接触，铜板与铝板之间接

触摩擦因子设为 0.6(因为铜板和铝板是铸在一起的,所以摩擦因子较大),铜板与轧辊之间接触摩擦因子为 0.35,摩擦类型采用库伦模型。铝板与铜板、推板、对称面有接触。

(5) 载荷工况的定义。在 MAIN 主菜单中检取 LOADCASES,进入载荷工况定义子菜单,选择应力分析(MECHANICAL)中的静力分析(STATIC)定义 LOADCASE 历程的总时间为 5 s,总的步数为 400,固定时间步长增量(CONSTA-NTTIMESTEP)为 0.012 5。

(6) 作业参数的定义及提交运行。ANALYSISOPTIONS 选择大应变(LARG-ESTRAIN)采用 3-D 分析。

(7) 分析计算结果,创建不同轧制压下量和铜铝不同体积比的铜包铝排轧制模型,重复以上步骤直到满意为止。

建立的 Marc 有限元几何模型和分析结束时几何模型和模拟结果分别如图 4-10 和图 4-11 所示。

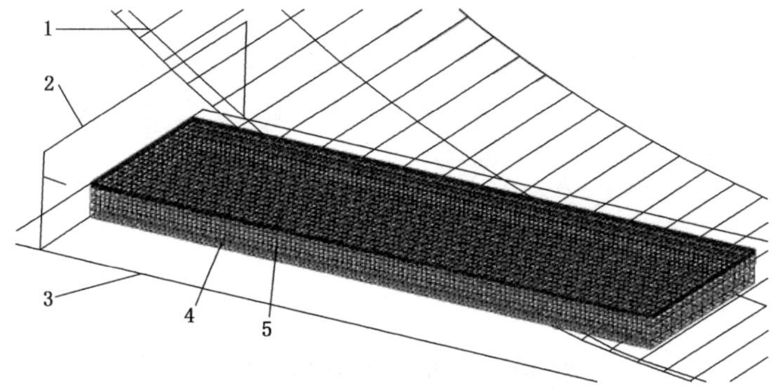

图 4-10　铜铝复合板轧制有限元模型

1—轧辊;2—送料板;3—对称面;4—铝板;5—铜板

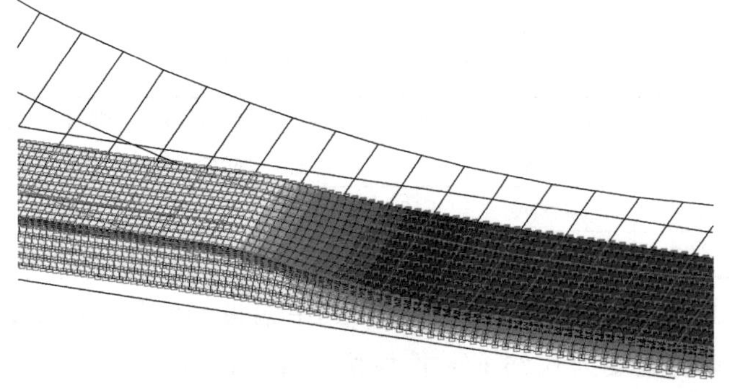

图 4-11　模拟变形结果

4.3.2　铜包铝排轧制模拟结果分析与讨论

4.3.2.1　轧制过程中等效应力、应变分布和轧制力的变化

提取铜包铝复合板在轧制过程中第 80 步的等效应力和等效应变，轧制过程中，铜铝复合板等效应力和等效应变的分布分别如图 4-12 和图 4-13 所示。

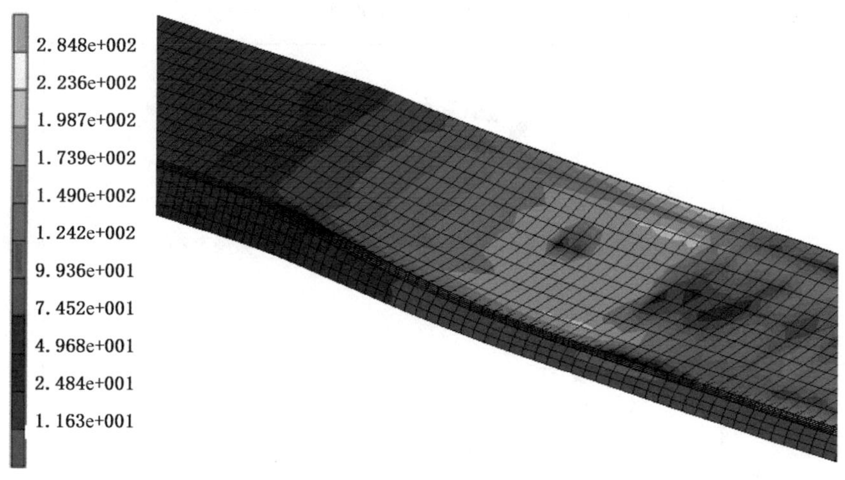

图 4-12　等效应力云图

从图 4-12 中可以看出，在铜包铝板进入咬入区前就已经存在一定的应力了，尤其是下层的铝板。复合板中间和边缘的应力较小，这是因为板的中间为变形中性面，金属流动较小，故此处应力较小。边缘的金属流动时阻力较小，也就是所谓的自由边，所以边缘的应力也较小。

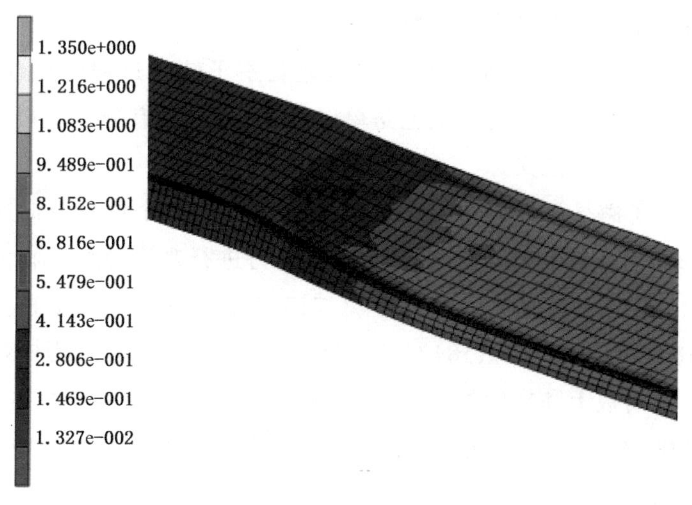

图 4-13　等效应变云图

从图 4-13 中可以看出，从铜板的上表面到对称面方向上，铝板的应变逐渐减小。在复合板的横向方向，复合板中间和边缘的应变较小，在靠近边缘部分，应变值达到最大，这与上文所述的应力的分布情况完全吻合。

轧制开始时，当咬入轧件后，轧制力迅速增大，稳定咬入后，轧制力变得比较稳定。轧制过程中，轧制力的变化具体如图 4-14 所示。

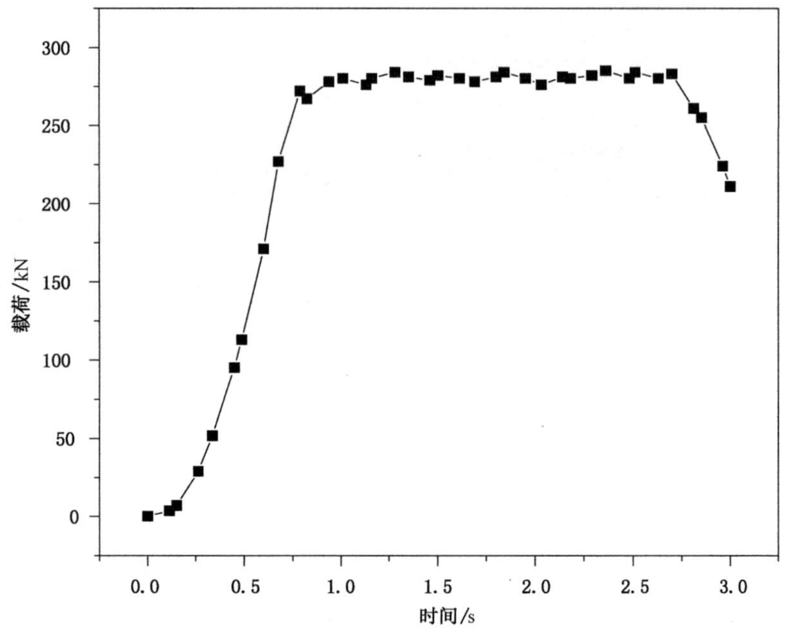

图 4-14 轧制过程中轧制力的变化

4.3.2.2 铜铝界面上节点残余应力的分布规律

前面通过等效应力、等效应变云图宏观地观察了轧制过程中复合板各处应力、应变的分布变化情况。由于轧制工艺是单向受力，所以唯有分析板料厚向应力在轧制过程中的分布较为有意义。

为了更好地了解轧制过程中复合板在横向方向上各个位置厚向应力的变化分布情况，在 Marc 有限元中提取各个节点处的应力进行观察分析。在复合板横向方向上分别依次选取铜板上的节点 741、743、745、747、749、751 和铝板上相对应的节点 18431、18433、18435、18437、18439、18441，提取各点在轧制过程中板厚方向上的应力值。节点在铜板上和在铝板上的选取位置分别如图 4-15、图 4-16 所示。

图 4-17 和图 4-18 分别为铜板和铝板上的各个节点在轧制过程中厚向应力随着时间的变化曲线。

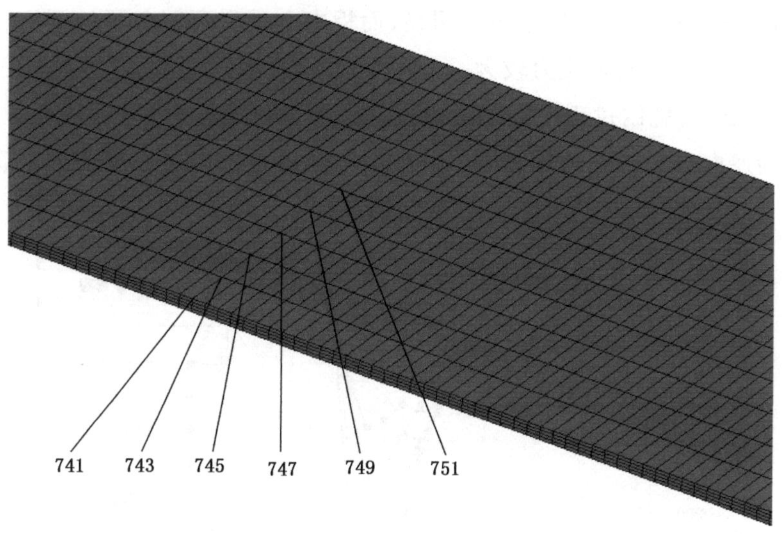

图 4-15 铜板上节点的选取位置

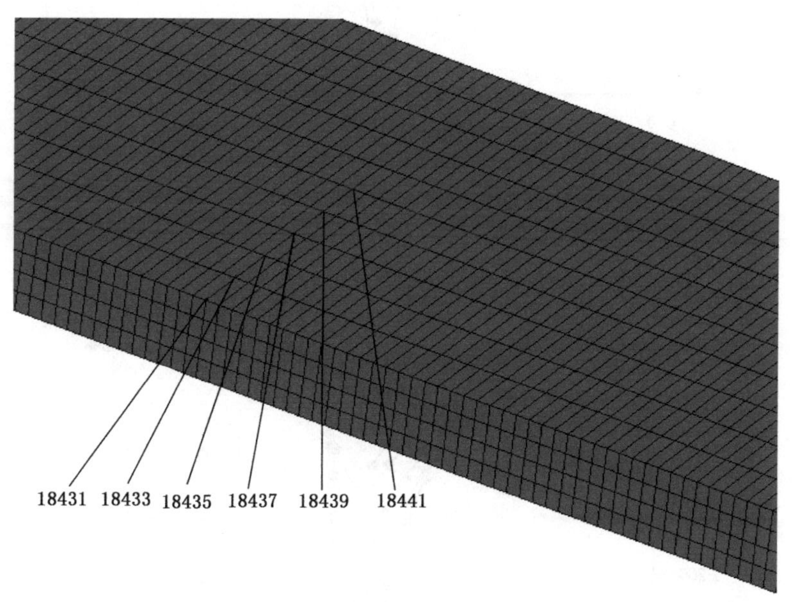

图 4-16 铝板上节点的选取位置

从图 4-17 中可以看出,轧制过程中,从铜板的边缘到中心,厚向应力依次增大。这是因为轧制时铜板厚度减薄,中间的金属必然向两侧流动,而从边缘到中心,金属流动的阻力逐渐增大。轧制结束后,巨大的厚向压力消失,金属发生微小的回缩现象,所以各个节点处基本都表现为残余拉应力。在受压向两侧流动时,边缘金属流动较大,所以之后的回缩现象也较为明显,而板中心受到两侧金属的回缩拉应力,故板的边缘和中心处的残余应力较大。

图 4-18 显示,轧制过程中铝芯的厚向应力的变化规律与铜板的相同,轧制中铜板与铝芯的厚向应力分布规律相同;在对应位置,铜板比铝芯的残余应力值大。

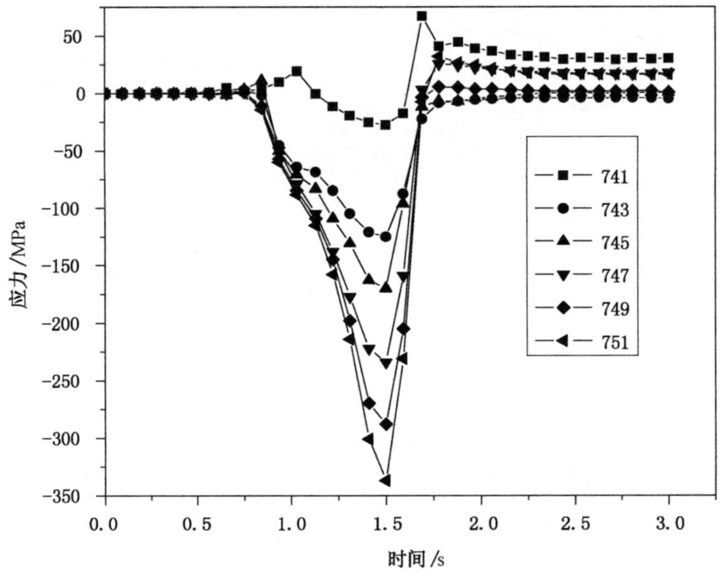

图 4-17 铜板上各节点厚向应力-时间增量曲线

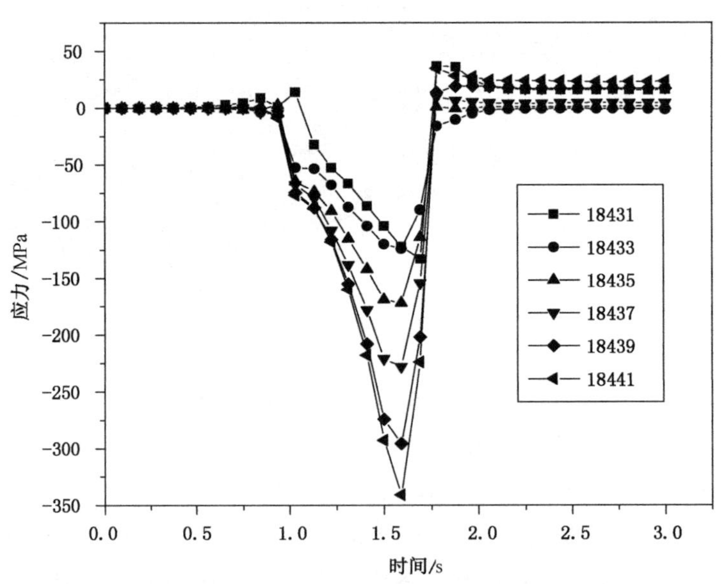

图 4-18 铝板上各节点厚向应力-时间增量曲线

4.3.2.3 铜铝体积比例/压下量-轧制力的关系

由于每种材料的屈服强度有所不同，所以复合板轧制中各种材料体积含量的比例和轧制时压下量的变化都会导致轧制力的变化，而轧制力是轧制成形工艺中的一个重要参数，所以研究铜铝体积比例/压下量-轧制力之间的关系对铜铝复合板材轧制成形有着重要的意义。但若通过逐步实验来获得所需数据，实验量太大，实验成本较高，所以可以通过有限元模拟来对其进行研究分析。

1. 相同压下量时，铜铝体积比-轧制力之间的关系推导

在 Marc 有限元中分别建立铜体积占复合板总体积的 0%、10%、20%、…、100%等 11 个模型(由于模型较多，为简化计算，建立 1/4 模型，板宽为 20 mm)，且各个模型中的材料属性和接触条件参数设置完全相同，通过模拟得出各个模型中轧制力随时间的变化曲线，如图 4-19 所示。

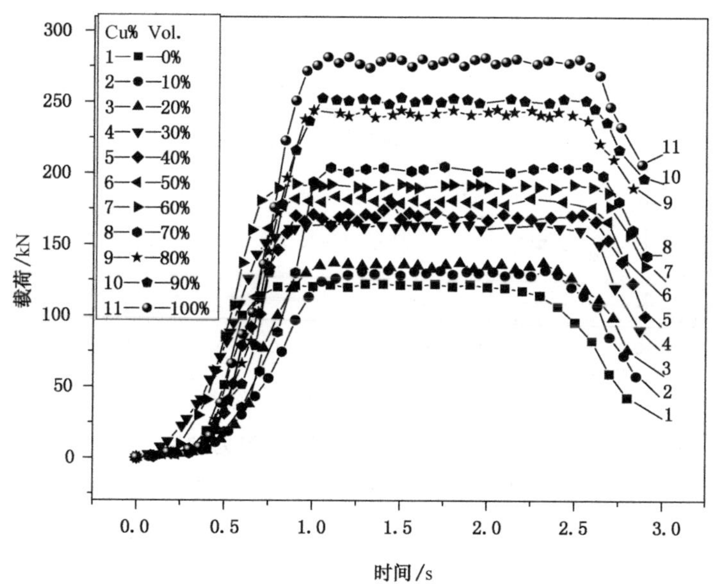

图 4-19 铜体积比例变化时轧制力综合图

从图 4-19 中可以看出，在铜的体积含量占总体积的 20%～30%、70%～80%和纯铜轧制时，轧制力都发生了跳跃增长。这主要是因为当铜材料的含量达到 70%～80%时，复合材料轧制的变形力主要取决于铜材料，因此轧制力会突然增大；而当铜材料的含量减少到 20%～30%时，复合材料轧制的变形力主要取决于铝材料，因此轧制力会突然减小。

提取铜体积比变化时各个模型轧制稳定阶段轧制力的平均值，则铜体积比变化时所对应的轧制力如表 4-2 所示。

表 4-2　铜体积比变化时各阶段对应的轧制力

铜体积比/%	0	10	20	30	40	50	60	70	80	90	100
轧制力/kN	125.2	130.2	136.9	164.0	174.1	182.3	194.0	204.7	251.2	262.4	281.7

为了更清楚地看出相同压下量时轧制力随铜体积比变化的趋势，绘制出铜体积比-轧制力曲线如图 4-20 所示。

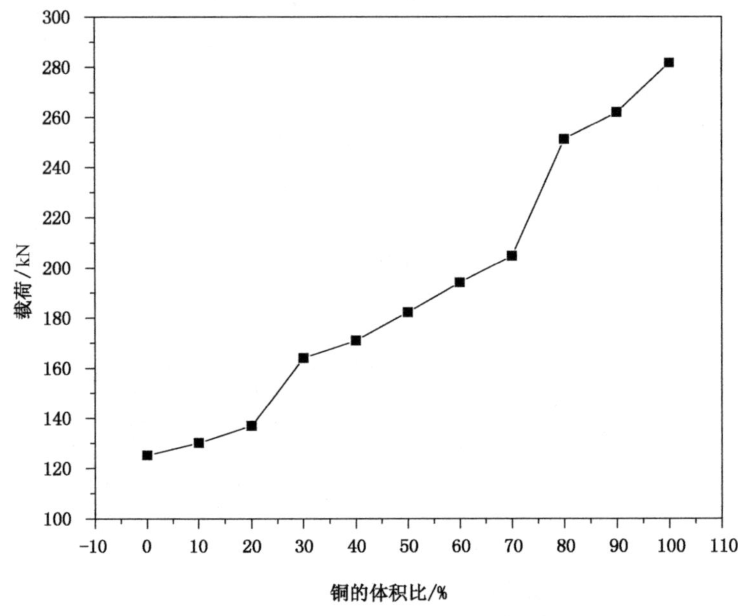

图 4-20　模拟得铜体积比-轧制力曲线

由式(4-50)可知单种材料轧制时轧制力的计算公式，以此为依据假设铜铝复合板轧制力的计算公式如下：

$$P = mk\left(\beta \frac{H_1}{H_1 + H_2}\sigma_{s1} + \lambda \frac{H_2}{H_1 + H_2}\sigma_{s2}\right) n'_\sigma n''_\sigma n'''_\sigma B \sqrt{R\Delta h} \qquad (4\text{-}51)$$

式中：

m ——考虑中间主应力影响的系数，忽略宽展时，$m=1.15$；

k ——修正系数，$k=1.478$；

σ_{s1} ——低变形抗力材料的初始屈服强度(MPa)；

σ_{s2} ——高变形抗力材料的初始屈服强度(MPa)；

λ ——变形抗力比例系数，$\lambda=0$ 时，$\beta=1$，式(4-51)为低变形抗力单种材料轧制轧制力算公式，此时 $H_2=0$；$\lambda=1$ 时，$\beta=0$，式(4-51)为高变形抗力单

种材料轧制轧制力计算公式，此时 $H_1=0$；

β ——变形抗力比例系数，$\beta=1$ 时，$\lambda=0$，式(4-51)为低变形抗力单种材料轧制轧制力算公式，此时 $H_2=0$；$\beta=0$ 时，$\lambda=1$，式(4-51)为高变形抗力单种材料轧制轧制力计算公式，此时 $H_1=0$；

H_1——铝材料的初始厚度(mm)；

H_2——铜材料的初始厚度(mm)。

式(4-51)中代入的变形抗力为金属的初始屈服强度，但轧制变形过程中存在着硬化现象，所以在式中设置一个系数 k，其值的确定方法如下：

$$k=\frac{(\sigma_{b1}-\sigma_{s1})/\sigma_{s1}+(\sigma_{b2}-\sigma_{s2})/\sigma_{s2}}{2} \tag{4-52}$$

式中：

σ_{b1}——低变形抗力材料的屈服极限(MPa)；

σ_{b2}——高变形抗力材料的屈服极限(MPa)。

从表 4-1 中提取相应的数据代入式(4-52)中，计算得系数 $k=1.478$。

下面就在此假设的基础上根据图 4-19 分段讨论铜铝体积比变化与轧制力之间的关系：

当 $H_2=0$ 时，$\beta=1/k$，即为纯铝板轧制，轧制力计算公式为：

$$P=m\sigma_{s1}n'_\sigma n''_\sigma n'''_\sigma B\sqrt{R\Delta h} \tag{4-53}$$

由表 4-1 得知 $\sigma_{s1}=40$ MPa，又 $B=20$ mm，$R=250$ mm，$\Delta h=7$ mm，得 $l=\sqrt{R\Delta h}=41.83$，$\partial=4.18$，$\varepsilon=0.5$。参考利科夫提出的 n'_σ 和∂、ε 的函数关系，得出 $n'_\sigma=2.2$。因为 $l/h>1$，所以 $n'_\sigma=1$。轧件无纵向外力作用，所以 $n'''_\sigma=1$。将上述数据代入式(4-53)中，计算得纯铝板轧制时轧制力为 123.4 kN。

当 $0<H_2/(H_1+H_2)<0.3$ 时，由表 4-1 得知 $\sigma_{s1}=40$ MPa，$\sigma_{s2}=90$ MPa。又 $B=20$ mm，$R=250$ mm，$\Delta h=7$ mm，得 $l=\sqrt{R\Delta h}=41.83$，$\partial=4.18$，$\varepsilon=0.5$。参考利科夫提出的 n'_σ 和∂、ε 的函数关系，得出 $n'_\sigma=2.2$。因为 $l/h>1$，所以 $n''_\sigma=1$。轧件无纵向外力作用，所以 $n'''_\sigma=1$。将表 4-2 中铜体积比为 10%、20%时的轧制力值分别代入式(4-53)中得：

$$\begin{cases}130\ 200=1.7\times\left(\beta\dfrac{12.6}{1.4+12.6}\times 40+\lambda\dfrac{1.4}{1.4+12.6}\times 90\right)\times 2.2\times 20\times\sqrt{250\times 7}\\[2ex]136\ 900=1.7\times\left(\beta\dfrac{11.2}{2.8+11.2}\times 40+\lambda\dfrac{2.8}{2.8+11.2}\times 90\right)\times 2.2\times 20\times\sqrt{250\times 7}\end{cases}$$

解上方程组得变形抗力比例系数 $\beta=0.987$，$\lambda=0.676$。因此，此时轧制力计算公式如下：

$$P = mk\left(0.987\frac{H_1}{H_1+H_2}\sigma_{s1}+0.676\frac{H_2}{H_1+H_2}\sigma_{s2}\right)n'_\sigma n''_\sigma n'''_\sigma B\sqrt{R\Delta h} \quad (4\text{-}54)$$

同理，当 $0.3\leqslant H_2/(H_1+H_2)<0.8$ 时，将表 4-2 中铜体积比为 30%、40%时的轧制力分别代入式(4-51)中，计算得 $\beta=1.071$，$\lambda=0.831$。此时轧制力计算公式如下：

$$P = mk\left(1.071\frac{H_1}{H_1+H_2}\sigma_{s1}+0.831\frac{H_2}{H_1+H_2}\sigma_{s2}\right)n'_\sigma n''_\sigma n'''_\sigma B\sqrt{R\Delta h} \quad (4\text{-}55)$$

依据式(4-55)计算铜的体积比为 50%、60%、70%时的轧制力分别为 180.5 kN、192.1 kN、203.3 kN。

当 $0.8\leqslant H_2/(H_1+H_2)<1$ 时，用相同的代入法计算得 $\beta=1.279$，$\lambda=0.972$，得此阶段轧制力的计算公式为：

$$P = mk\left(1.279\frac{H_1}{H_1+H_2}\sigma_{s1}+0.972\frac{H_2}{H_1+H_2}\sigma_{s2}\right)n'_\sigma n''_\sigma n'''_\sigma B\sqrt{R\Delta h} \quad (4\text{-}56)$$

当 $H_1=0$ 时，$\lambda=1/k$，，即纯铜板轧制，轧制力计算得为 279.3 kN。此阶段轧制力计算公式为：

$$P = m\sigma_{s2}n'_\sigma n''_\sigma n'''_\sigma B\sqrt{R\Delta h} \quad (4\text{-}57)$$

假设基础上的理论推导和有限元模拟得出的轧制力变化曲线对比如图 4-21 所示。

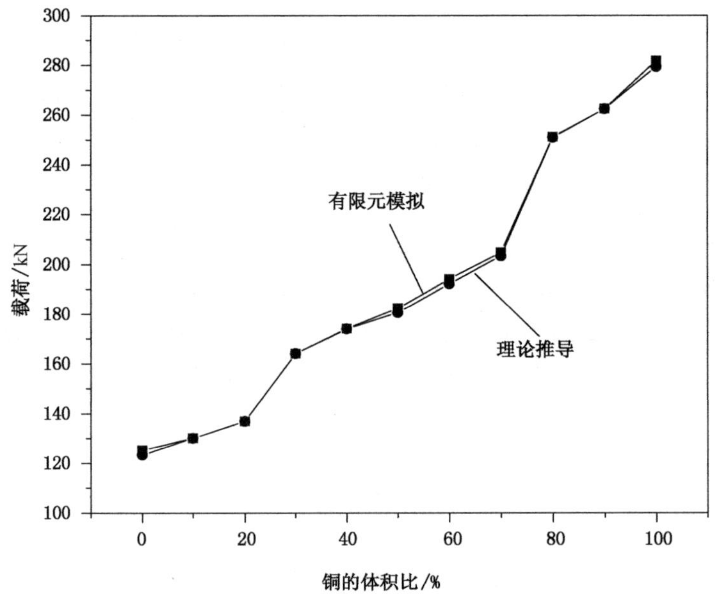

图 4-21　铜铝体积变化时，理论计算和有限元模拟轧制力变化对比曲线

从图 4-21 中可以看出，假设基础上的理论推导和有限元模拟得出的数据基本相符，综合式(4-53)、(4-54)、(4-55)、(4-56)和(4-57)，铜铝复合板轧制时，铜体积比、压下量-轧制力的关系式如下：

$$\begin{cases}\text{当 } H_2=0 \text{ 时}, \beta=1/k, \text{即纯铝板轧制}, P=m\sigma_{s1}n'_{\sigma}n''_{\sigma}n'''_{\sigma}B\sqrt{R\Delta h} \\ \text{当 } 0.1<\dfrac{H_2}{H_1+H_2}<0.3 \text{ 时}, P=mk\left(0.987\dfrac{H_1}{H_1+H_2}\sigma_{s1}+0.676\dfrac{H_2}{H_1+H_2}\sigma_{s2}\right)n'_{\sigma}n''_{\sigma}n'''_{\sigma}B\sqrt{R\Delta h} \\ \text{当 } 0.3\leqslant\dfrac{H_2}{H_1+H_2}<0.8 \text{ 时}, P=mk\left(1.071\dfrac{H_1}{H_1+H_2}\sigma_{s1}+0.831\dfrac{H_2}{H_1+H_2}\sigma_{s2}\right)n'_{\sigma}n''_{\sigma}n'''_{\sigma}B\sqrt{R\Delta h} \\ \text{当 } 0.8\leqslant\dfrac{H_2}{H_1+H_2}<1 \text{ 时}, P=mk\left(1.279\dfrac{H_1}{H_1+H_2}\sigma_{s1}+0.972\dfrac{H_2}{H_1+H_2}\sigma_{s2}\right)n'_{\sigma}n''_{\sigma}n'''_{\sigma}B\sqrt{R\Delta h} \\ \text{当 } H_1=0 \text{ 时}, \lambda=1/k, \text{即纯铜板轧制时}, P=m\sigma_{s2}n'_{\sigma}n''_{\sigma}n'''_{\sigma}B\sqrt{R\Delta h}\end{cases} \tag{4-58}$$

2. 铜铝体积比一定，不同压下量对铜铝体积比/压下量-轧制力关系的验证

在 Marc 有限元中分别建立轧制压下量为 10%、20%、…、50%共 5 个模型(由于模型较多，为简化计算，建立 1/4 模型，板宽为 20 mm)，且各个模型中的材料属性和接触条件参数设置完全相同。此时，铜的体积比为 1/7，铝的体积比为 6/7。通过模拟得出各个模型中轧制力随时间的变化曲线，如图 4-22 所示。

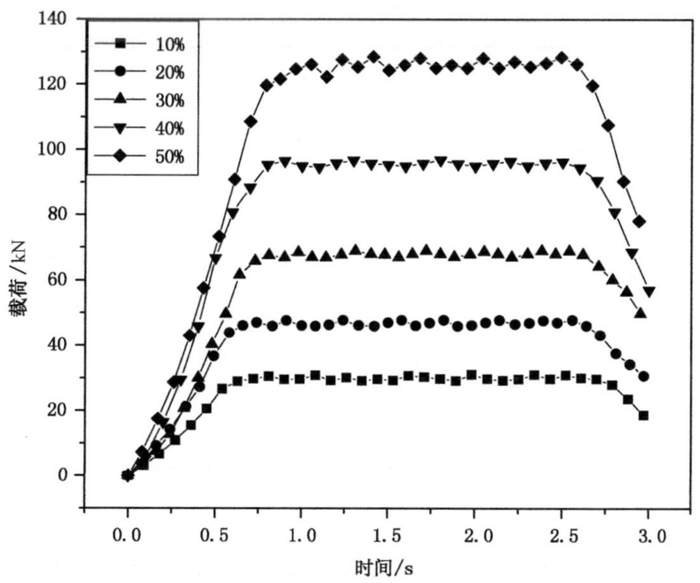

图 4-22　压下量变化时轧制力-时间曲线

提取压下量变化时各个模型轧制稳定阶段轧制力的平均值，则压下量变化时所

对应的轧制力如表 4-3 所示。

表 4-3 有限元模拟的压下量变化时所对应的轧制力

压下量/%	10	20	30	40	50
轧制力/kN	30.2	47.8	68.1	96.4	128.3

下面通过式(4-58)计算各个压下量时的轧制力：

各个模型中铜铝体积比相同，铜的为 1/7，铝的为 6/7。当压下量为 10%时：

$$l=\sqrt{R\Delta h}=\sqrt{250\times 1.4}=18.71\ \delta=\frac{2fl}{\Delta h}=\frac{2\times 0.35\times 18.71}{1.4}=9.35\ \varepsilon=\frac{\Delta h}{H}=10\%$$

由表 4-3 得知 $\sigma_{s1}=40$ MPa，$\sigma_{s2}=90$ MPa，又 $B=20$ mm。参考利科夫提出的 n'_σ 和∂、ε 的函数关系，得出 $n'_\sigma=1.2$。因为 $l/h>1$，所以 $n''_\sigma=1$。轧件无纵向外力作用，所以 $n'''_\sigma=1$。

将上述数据代入式(4-58)中得：

$$P=1.15\times 1.47\times\left(0.987\times\frac{6}{7}\times 40+0.676\times\frac{1}{7}\times 90\right)\times 1.2\times 20\times 18.71=32.5\ \text{kN}$$

同理，一次计算压下量为 20%、30%、40%和 50%时的轧制力分别为 49.7 kN、70.3 kN、97.9 kN 和 127.0 kN。压下量变化时，将有限元模拟和理论计算得出的轧制力做成曲线进行对比，如图 4-23 所示。

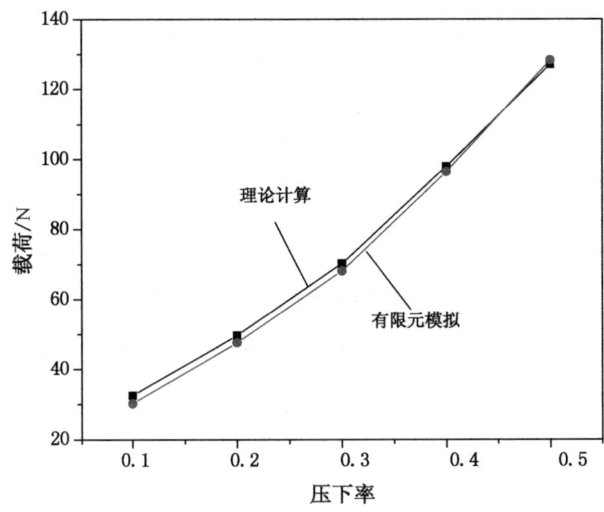

图 4-23 压下量变化时理论计算和有限元模拟轧制力变化对比曲线

从图 4-23 中可以看出，假设基础上的理论推导和有限元模拟得出的数据基本相符，这也证明了式(4-58)的正确性。

4.4　铜包铝排轧制成形试验研究及微观结构分析

4.4.1　轧制试验过程

4.4.1.1　坯料的制备

轧制用坯料为铜包铝复合坯料，制备工艺采用铸造法。坯料尺寸要求如下：紫铜板长度 $L=60$ mm，宽度 $W=40$ mm，壁厚 $t=2$ mm，铝充满于两片铜板之间，坯料厚度为 14 mm。

纯铝坯经高温熔化后，低压铸入放有内表面磨粗后的紫铜板的铸模内。具体制备过程为：铜板、铝锭清水清洗→酸洗→用砂轮和砂纸将铜板内表面打磨粗糙→将加热炉升温至 720 ℃→将铝锭放入容器内送进加热炉至熔化，紫铜板 300 ℃预热→将熔化的铝液注入紫铜板内，待其逐渐冷却后，用千斤顶低压压实铝芯→磨去铜板外表面氧化皮。

坯料的酸洗：采用工业用酸洗液，对铜板和铝锭进行酸洗，去除表面杂质、油污、氧化皮等，为后续铸造时铜、铝结合面的良好结合奠定基础。

铝锭的熔化：纯铝的熔点为 660.4 ℃，但要将加热炉加热到 700 ℃时将盛有纯铝锭的容器放入加热炉内，这是为了避免熔化过程中的氧化作用。继续加温至 720 ℃保温，使得体积较大的铝锭尽快由表面熔化到芯部。

铸造：将铜板放入加热炉内稍加预热，同时取出铜板和铝液，将两片铜板竖立在铸模框内放稳，迅速将铝液倒入两铜板中（底部采用适当防漏措施），待其适当冷却时（铝液不外流），通过液压机和千斤顶进行铸造，达到铜、铝界面间初步固相结合的目的。但此时的铜管外表面氧化现象严重，需通过后续工序去除氧化皮。

轧制：经轧制和边缘轧挤处理后的制品如图 4-24 所示。

图 4-24　铜包铝排轧制制品

4.4.2　金相试验

4.4.2.1　金相试样的制备

金相试样的制备要经过取样、打磨和抛光、腐蚀几个步骤。

（1）截取试样：分别将铸造未经轧制的坯料和经过铸造轧制（压下率为 50%）成形的试样截取厚度为 2 mm、长度为 5 mm 左右的纵截面试样。

（2）打磨和抛光：试样先用金相砂纸打磨，所用砂纸由粗到细，600 目—800 目—

1 000 目—1 200 目，之后在抛光机上进行机械抛光。

(3) 腐蚀：由于铜铝材料的耐腐蚀情况不同，因此采用不同的腐蚀液对铜铝材料分别进行腐蚀。铝的腐蚀液为：5%氢氟酸硝酸水溶液；铜的腐蚀液为：4wt.%～5wt.%硝酸高铁酒精溶液。用腐蚀液对试件进行侵蚀 5～8 s，蒸馏水冲洗，吹风机吹干，在金相显微镜下观察其金相组织。

4.4.2.2 微观组织分析

图 4-25 为铸造成型后铜铝及其界面的微观组织，可以看出，铜铝界面结合较好，但界面相的晶粒尺寸较大，而且粒径不均匀，晶粒直径在 100～150 μm，小晶粒也在 60～70 μm，厚度基本在 60～70 μm。这主要是由于铸造过程中，因铝浇注温度难以准确控制，一般使铝液加热温度较高，这也是造成铜铝合金晶粒粗大且不均匀的主要原因。

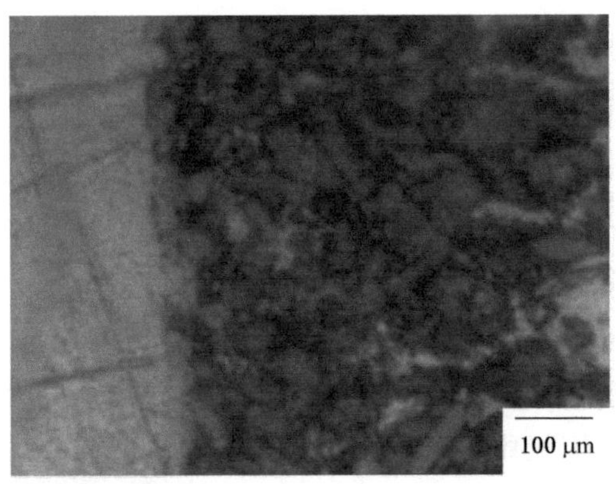

图 4-25 铸造成型后铜铝及其界面的微观组织

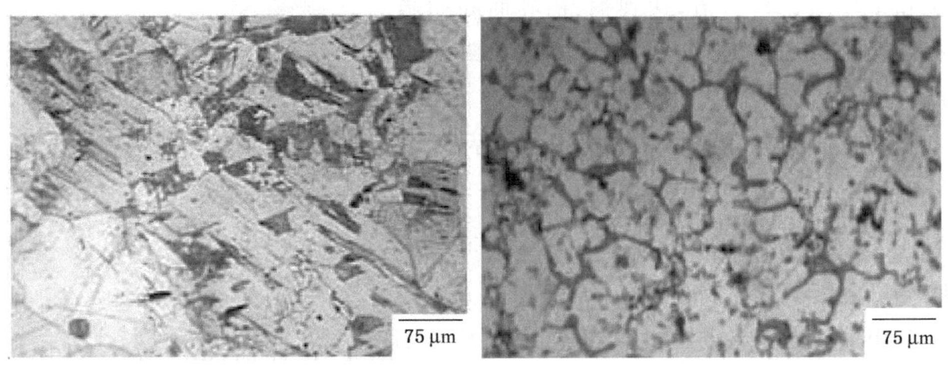

(a) 铜的微观组织　　(b) 铝的微观组织

图 4-26 原始坯料的微观组织

图 4-26(a)为铸造成型后铜材料的微观组织,可以看出,材料的晶粒形状很不规则,直径大约在 65～70 μm,同时坯料中存在少量的点缺陷,这可能是在试样制备过程中引入的。

图 4-26(b)为铸造成型后铝材料的微观组织,可以看出,材料的微观组织比较均匀,基本为等轴晶粒,晶粒直径在 70～75 μm。

4.4.2.3　轧后铜、铝和界面的微观组织

图 4-27 为铜在纵向剖面的微观组织,可以明显看出:铜材料在轧制变形过程中,晶粒直径减小,但同时也有大量形状不规则晶粒存在。这是因为轧制过程中铜的减薄量较小,所以晶粒细化程度较小。

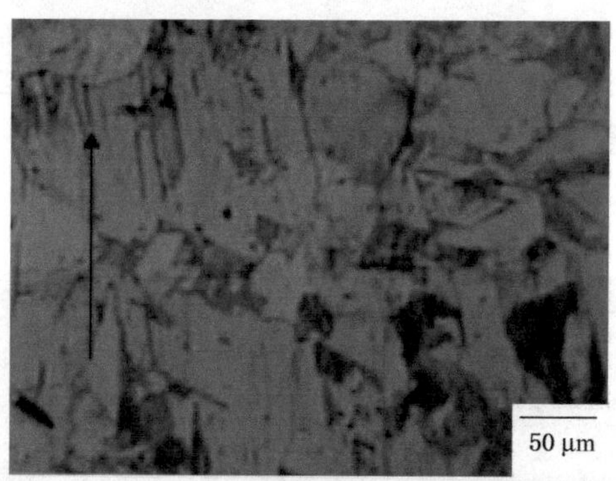

图 4-27　轧后铜微观组织(箭头表示轧制方向)

由图 4-28 可以看到,料头铝材料晶粒已经基本得到细化,且晶粒尺寸也较为均匀,平均晶粒直径在 30 μm 左右。

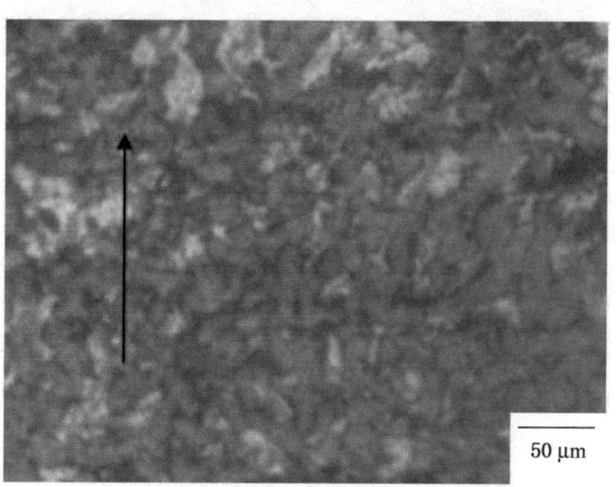

图 4-28　轧后铝微观组织(箭头表示轧制方向)

图 4-29 为轧后界面形貌,图 4-30 为轧制完成后制品界面的微观结构,可以看

出:铜包铝复合材料在铜铝界面处结合较好,晶粒得到了很好的细化,晶粒均匀且尺寸细小,界面厚度在 15~20 μm。

图 4-29　轧后界面形貌

图 4-30　轧后界面微观组织

4.5　Cu/Al 固-液铸轧数值模拟及界面复合机理

双金属层状复合带固-液铸轧成形是集快速凝固与轧制复合于一体的短流程新工艺,为揭示固相覆层金属带材与基体熔体在双辊铸轧区内的复合机理,以 d160 mm×150 mm 双辊实验铸轧机为对象,利用 Fluent 商用软件建立 Cu/Al 固-液铸轧复合过程二维热-流耦合计算模型,研究铸轧速度、浇注温度、铜带厚度和预热温度对熔池流场、KISS 点位置与复合界面温度分布的影响规律。

4.5.1 Cu/Al 固-液铸轧工艺

如图 4-31 所示，将铜带和铝液同时喂入双辊铸轧机的辊缝内，在铸轧区高温固-液接触和固相轧制共同作用下实现复合界面的冶金结合，完成层状双金属复合带材的高效连续生产。其中，开卷机主要用于铜带的喂入接触角和入口张力控制，前箱、中间包和布流器用于将铝液向铸轧辊缝内均匀布流。

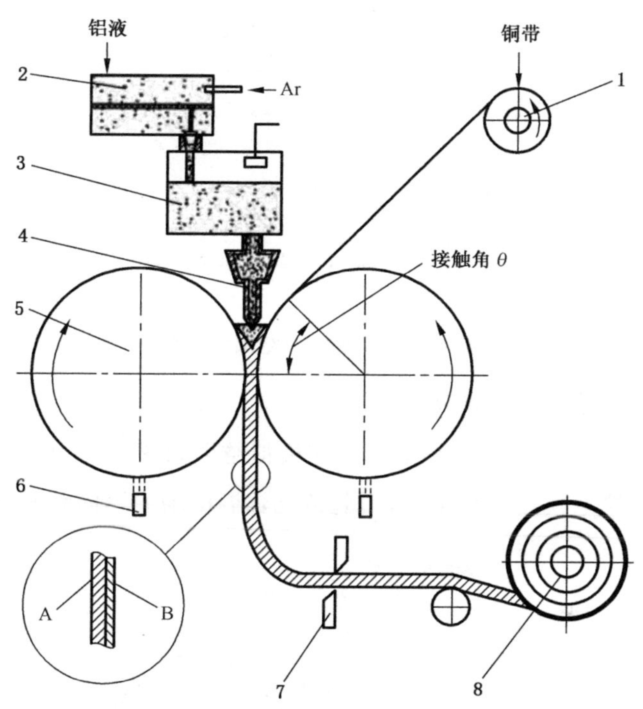

图 4-31 层状金属复合带固-液铸轧复合工艺示意图

1—铜带开卷机；2—前箱；3—中间包；4—布流器；5—双辊铸轧机；6—喷雾系统；7—剪板机；8—卷取机

如图 4-32 所示，由于铸轧区不具有对称性，最终得到的简化模型包含左铸轧辊套、铝液熔池、预热铜带、右铸轧辊套 4 个计算域。模拟涉及的参数包括：轧辊直径 160 mm，辊套厚 30 mm，熔池入口宽度为 3 mm，熔池高度 30 mm，出口复合带中组元铝的厚度为 2 mm。铸轧速度 v 分别为 2.4 m/min、3.6 m/min、4.8 m/min，铜带预热温度 T_{Cu} 分别为 300 K、673 K、1073 K，铜带入口厚度 H_{Cu} 分别为 0.2 mm、1 mm、2 mm，浇注温度 T_{Al} 分别为 953 K、963 K、973 K。

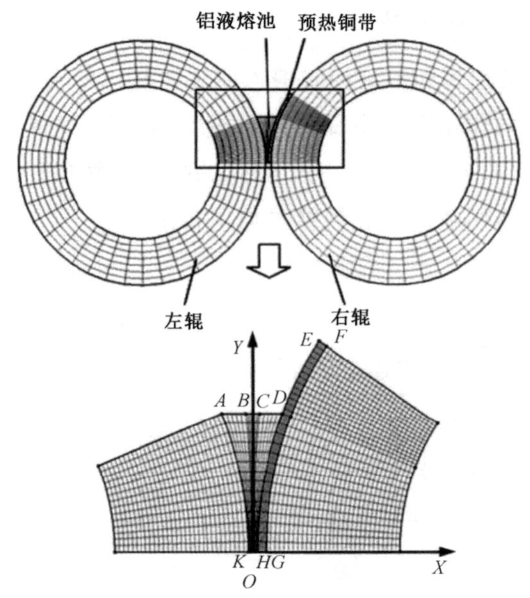

图 4-32　网格划分结果示意图

4.5.2　Cu/Al 固-液铸轧数值模拟

稳态固-液铸轧复合过程典型温度分布模拟结果如图 4-33 所示。由于有铜侧和无铜侧与铸轧辊接触换热效果不同，引起铸轧辊温度场的不同和 KISS 点位置偏移。

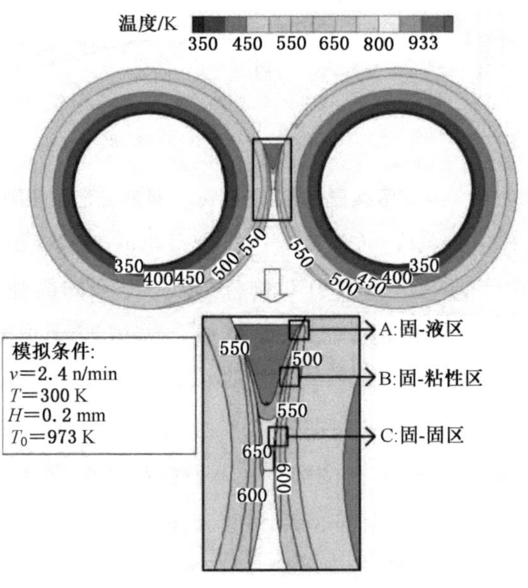

图 4-33　整体温度分布云图

4.5.2.1　铸轧速度对流场、温度场影响

铜带预热温度 673 K，铜带厚 1 mm，铝液浇注温度 973 K，铸轧速度为变量时，铸轧区温度场、流场及复合界面温度曲线如图 4-34 所示。从图 4-34 中可以看出，铸轧速度提高，缩短了铸轧区内接触时间，KISS 点位置显著下降。

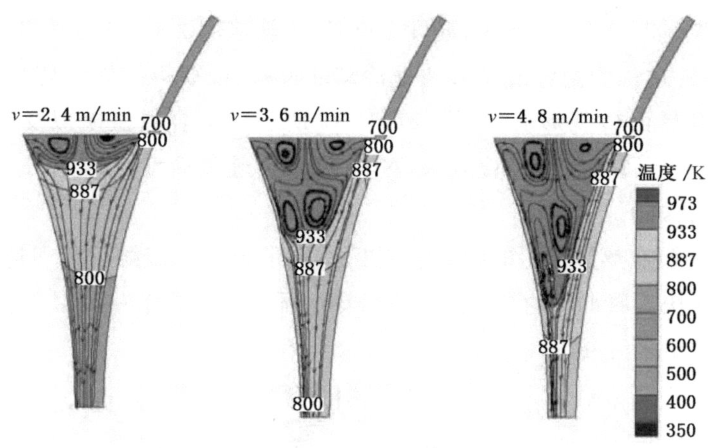

图 4-34　铸轧速度 v 对流场、温度场的影响（$T_{Cu}=673$ K，$H_{Cu}=1$ mm，$T_{Al}=973$ K）

4.5.2.2　铜带预热温度对流场、温度场影响

铸轧速度 2.4 m/min，铜带厚 1 mm，铝液浇注温度 973 K，铜带预热温度为变量时，铸轧区温度场、流场及复合界面温度曲线如图 4-35 所示。从图 4-35 中可以看出，铜带预热温度逐渐提高，触辊阶段 ED 和与铝液接触阶段 DH 逐渐由冷却作用转为加热作用，因此 KISS 点位置降低并且逐渐偏向铜带侧，甚至出现轧漏现象。

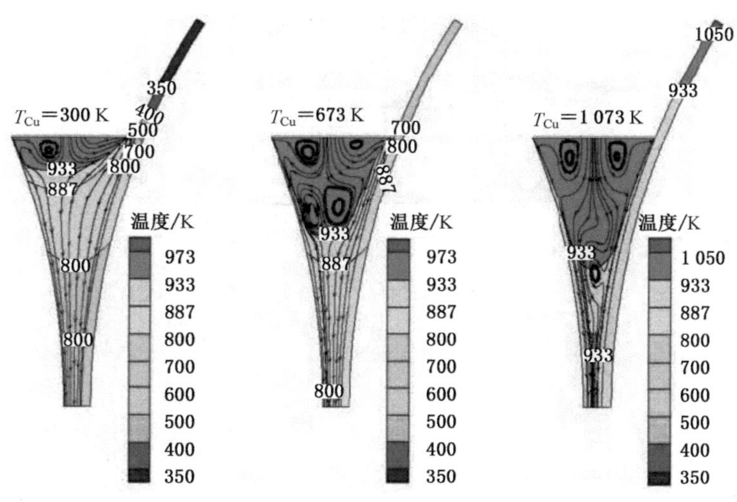

图 4-35　铜带预热温度 T_{Cu} 对流场、温度场影响（$v=2.4$ m/min，$H_{Cu}=1$ mm，$T_{Al}=973$ K）

4.5.3 固-液铸轧试验及界面结合机理分析

以 d160 mm×150 mm 双辊试验铸轧机(见图 4-36)为平台,采用工业纯铝和工业紫铜带作为试验材料,通过开展 Cu/Al 复合带固-液铸轧复合成形试验,进一步揭示温度和变形量对界面结合效果的影响机理。

试验工况取铜带厚度 0.5 mm,温度 300 K,铸轧速度 2.4 m/min,铝液浇注温度 973 K。采用铸轧过程中急停轧卡和快速冷却的方式,以获得铸轧区切片,并在金相显微镜下观察其界面微观形貌,结果如图 4-37 所示。综合数值模拟及切片分析结果,根据界面两侧金属状态及结合效果,可将固-液铸轧复合变形区划分为以下 3 个区域,其各自特点如下:

(1) 固-液接触换热区(见图 4-37 中 A 区):铜带与铝液接触后激烈换热,试样中由于铝液急停时快速凝固而存在缩孔、疏松等明显缺陷,复合界面由于自由冷却时收缩性能不一致出现开裂。

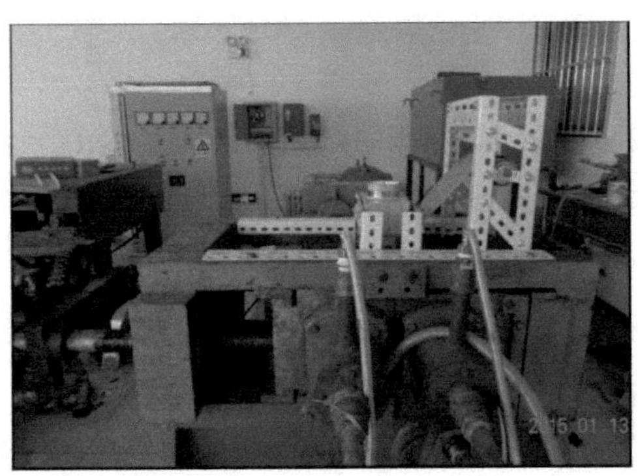

图 4-36 双辊试验铸轧机

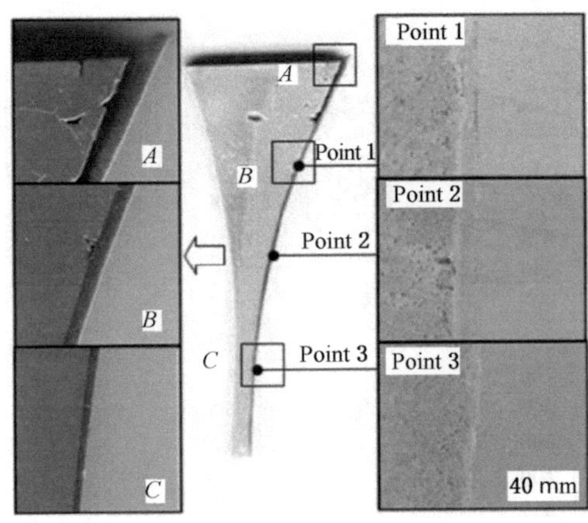

图 4-37 铸轧区切片宏观形貌及复合界面

(2) 固-半固态铸造粘连区(见图 4-37 中 B 区):高温下铜带光洁表面析出并附着固态铝,形成半固态区,铜带被加热至更高温度,铜铝的相互扩散得到促进。铜铝反应扩散形成金属间化合物及液态扩散层、冷却过程中界面层的相变等,在位置 1 处形成厚度约为 10 μm 的扩散层。但界面仅为互相粘连,结合力低,可轻易撕开。

(3) 固-固轧制复合区(见图 4-37 中 C 区):在 KISS 点以下,固相铜、铝带开始进入异温热轧复合过程。初始复合界面在位置 2 承受高温下巨大的轧制压力和塑性变形,复合界面层破裂,露出新鲜金属开始嵌合,当压力达到一定程度,表面原子被激活并形成原子键结合。并随着压下量的增加,逐渐形成薄且均匀的复合界面,进一步提高界面的结合强度,最终在位置 3 处获得 5 μm 均匀复合界面,形成高强度冶金结合。

4.6　层状金属复合板带铸轧复合技术研究

层状金属复合材料是一种新型结构和功能材料,它将物理、力学等性能不同的金属组元通过复合技术在界面处形成牢固结合,使其兼具各组元金属的优异性能。

4.6.1　固-液铸轧复合工艺

基于固-液铸轧复合工艺,黄华贵等探索了铜/铝电工排和异形截面复合板带的近终成形工艺,如图 4-38 所示,在此基础上开发了液-固-液夹芯铸轧复合工艺,如图 4-39 所示,即在铸轧辊中间喂入固态金属板带,在两侧同时浇注同质或异质金属板带,最终实现三层金属复合板带近终成形,基于上述原理,成功制备了铜/殷钢/铜复合板。

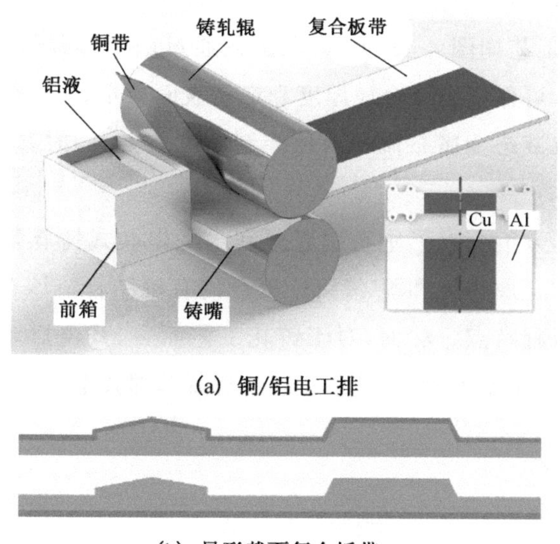

(a) 铜/铝电工排

(b) 异形截面复合板带

图 4-38　铜/铝电工排和异形截面复合板带近终成形

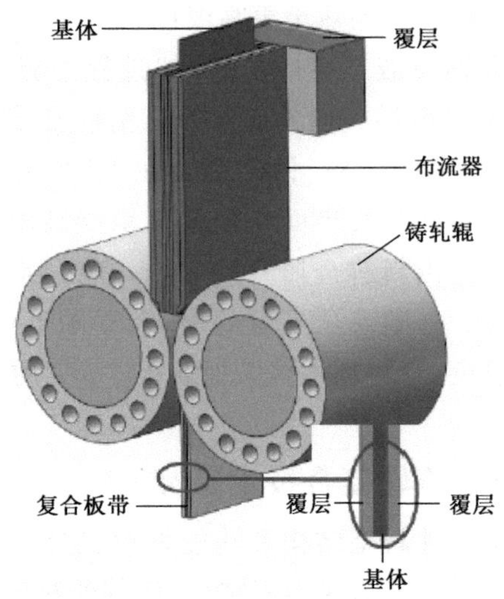

图 4-39　液-固-液夹芯铸轧复合工艺

4.6.2　液-液铸轧复合工艺

拖拉式双辊铸轧复合法和溢流式双辊铸轧法，如图 4-40 所示，其成功制备出了 Al050/Al-12%Si 复合板带，但 Al050 和 Al-12%Si 两种金属易混合，无法精确控制组元金属厚度，因此后续又提出了带有刮板的铸轧复合工艺，如图 4-41 所示，组元金属厚度和复合板带表面质量均有所改进，但复合界面仍易出现波动现象。

异径铸轧复合工艺如图 4-42 所示，该工艺通过两个异径铸轧单元实现多种复合板带的近终成形，可保证组元金属厚度和产品表面质量，生产效率高，但由于铸轧设备结构紧凑，导致液态金属布流和液位控制难度较大，同时基体与覆层金属熔点差异不宜过大。

基于上述研究，人们开发了垂直串联式和水平串联式铸轧复合工艺，如图 4-43 所示，其原理是单质金属铸轧和固-液铸轧复合的有机结合。该工艺结构紧凑，具有显著的高效率、短流程特点。然而，对于铸轧工艺而言，开浇启动阶段至关重要，是制约高效连续生产的主要因素，因此该工艺实际操作难度较大。

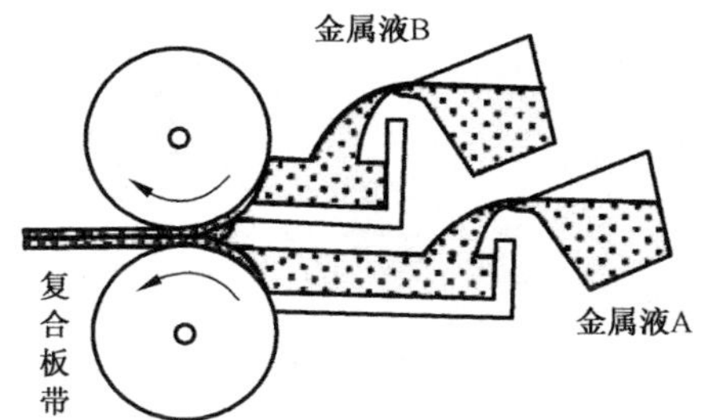

(a) 水平式

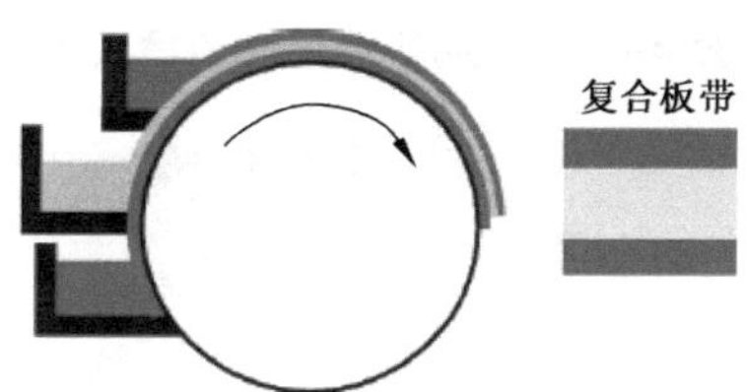

(b) 单辊式

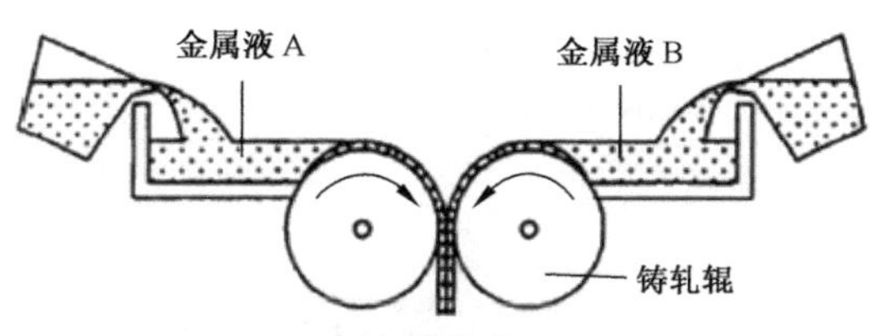

(c) 垂直式

图 4-40　拖拉式铸轧复合工艺

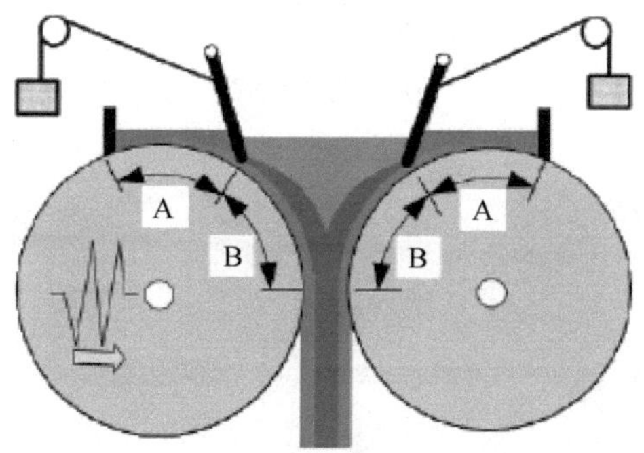

图 4-41　带刮板的液-液铸轧复合工艺

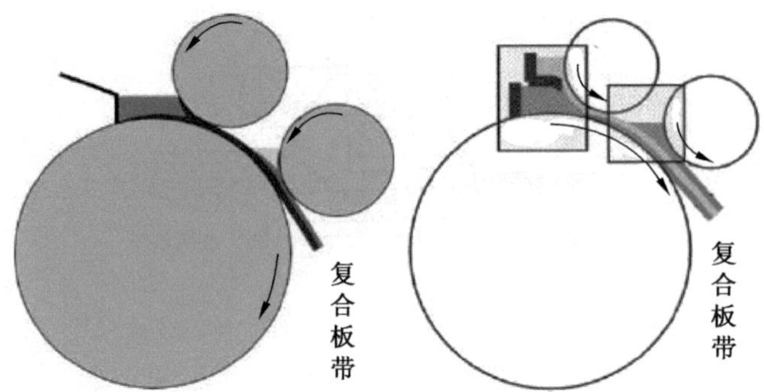

图 4-42 异径液-液铸轧复合工艺

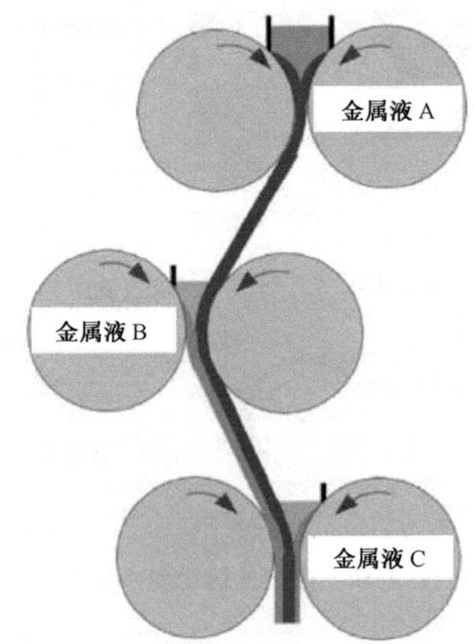

(a) 垂直串联式

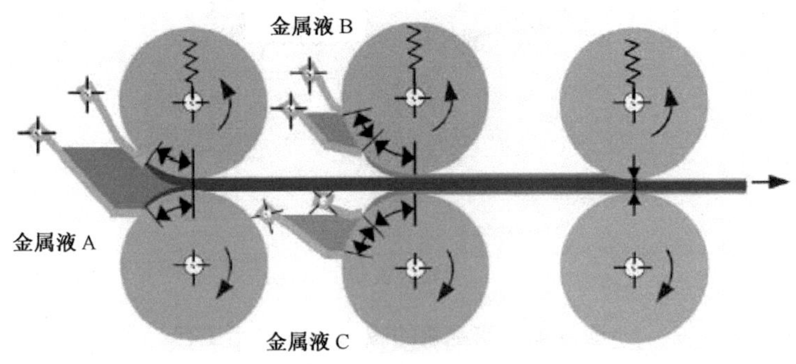

(b) 水平串联式

图 4-43 多级串联式铸轧复合工艺

4.6.3 铸轧复合机理

黄华贵等在利用固-液铸轧复合工艺制备铜铝复合板带时通过急停轧卡和快速冷却获得了铸轧区内复合界面宏观演变过程，如图 4-44 所示。通过扫描电镜、能谱仪和 X 射线衍射仪等观察铸轧区入口区域到出口区域内复合界面的微观形貌和组织演变规律，得到的铸轧复合机理示意图(见图 4-45)。

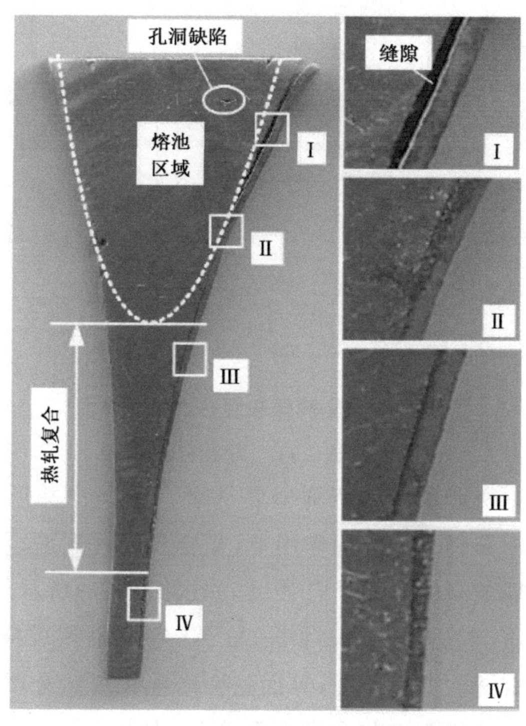

图 4-44　固-液铸轧区复合界面宏观演变

在初始阶段，铝液与铜带在熔池顶部形成固-液接触，无轧制压力的作用，初始渗铝层快速产生于铜带表面，初步形成物理结合状态，如图 4-45(a)所示。然而，根据 Cu-Al 二元合金相图，Cu/Al 界面在高温驱动下发生剧烈的反应扩散，铝原子向铜基体中扩散致使铜侧快速溶解首先形成富铜相，即 $CuAl_2$ 相；扩散层由 α(Al)+$CuAl_2$ 组成，并在随后的过程中变形生长。

随着铸轧过程的进行，在 Kissing 点以下区域，变形开始作用于复合界面。但是在固-固接触界面形成初期，温度起主导作用，界面层有增大趋势，如图 4-45(b)所示；随着轧制压力的增大，在轧制延伸作用下，易碎的扩散层逐渐被挤压破碎甚至沿轧制方向呈不连续分布状态，如图 4-45(c)和图 4-45(d)所示。

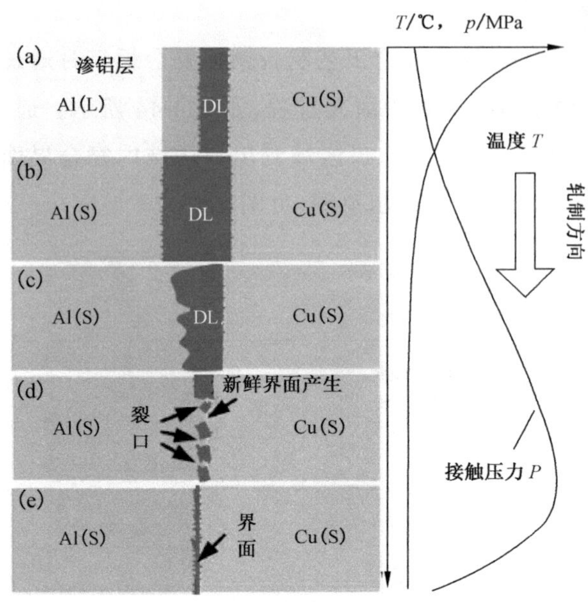

图 4-45　固-液铸轧复合机理示意图

DL—扩散层；L—液相；S—固相

随后，较高的轧制变形量使得新鲜金属从裂口中挤出并形成结合点。最后，在反应扩散、机械啮合和裂口机制共同作用下，复合界面达到冶金结合状态，扩散层厚度变得薄而均匀，实现较高的界面结合强度，如图 4-45(e)所示。

综上所述，传统固-液复合工艺，对于 Cu/Al 等易发生反应扩散的金属组合来说，复合过程由于没有塑性变形作用，界面处会产生较厚的金属间化合物层，进而影响产品质量。相反，铸轧复合工艺中高温和变形同时存在，高温有利于组元金属间发生反应扩散，而塑性变形则可避免连续金属间化合物层的产生进而保证界面结合强度，最终实现铸轧复合技术显著的高效性和优越性。

参考文献

［1］ 尹洪峰，任耘，罗发.复合材料及其应用［M］.西安：陕西科学技术出版社，2003：11-16.

［2］ 徐岩.铜包铝线铸造-挤压成形新工艺研究［D］.秦皇岛：燕山大学，2009：14-19.

［3］ 刘理.铜/铝复合板轧制工艺与理论研究［D］.秦皇岛：东北大学，2006：4-6.

［4］ 赵双敬.铜包铝线铸造-冷挤压成形工艺研究及微观组织分析［D］.秦皇岛：燕山大学，2010：58-67.

［5］ 李建勇.铜包铝复合材料铸-挤/轧工艺理论分析及有限元模拟［D］.秦皇岛：燕山大学，2013：41-53.

［6］ E Hug，N Bellido.Brittleness Study of Intermetallic (Cu，Al) Layersin Copper-Clad Aluminium Thin Wires［J］.Materials Science and Engineering A，2011，528 (22-23)：7103-7106.

［7］ T T Sasaki，R A Morris，G B Thompson，et al.Formation of Ultra-Fine Copper Grainsin Copper-Clad Aluminum Wire［J］.Science Direct，2010，63(5)：488-491.

［8］ Luo Junting，Zhao Shuangjing，Zhang Chunxiang.Microstructure of Aluminum/Copper Clad Composite Fabricated by Casting-Cold Extrusion Forming［J］.J.Cent.South Univ.Technol，2011，18(4)：1013-1017.

［9］ Xiaobing Li，Guoyin Zu，Mingming Ding，et al.Interfacial Microstructure and Mechanical Properties of Cu/Al Clad Sheet Fabricated by Asymmetrical Roll Bonding and Annealing ［J］.Materials Science and Engineering A，2011，529(25)：485-491.

［10］ 薛志勇，秦延庆，吴春京.铜包铝复合棒充芯连铸设备的开发［J］.北京科技大学学报，2005(6)：1-4.

［11］ Luo Junting，Xu Yan，Zhao Shuangjing.Coldextrusion Forming of Copper/Aluminum Clad Composite[J].International Journal of Applied Mechanics and Materials,2009(16-19):441-444.

[12] G J Kang,J Kim,B S Kang.Numerical and Experimental Evaluation for Elasticde Formation of Acold Forging Tool and Workpiece for a Sleevecam of an Automobile Startmotor[J]. Journal of Engineering Manufacture, 2008(222): 217-224.

[13] 秦延庆,薛志勇,吴春京.连铸铜包铝复合棒坯过渡层的研究[J].特种铸造及有色合金, 2005,25(5):304-306.

[14] 祖国胤,李小兵,丁明明,等.异步轧制铜/铝双金属复合板变形行为的研究[J].东北大学学报,2011,32(5):675-678.

[15] 徐岩,骆俊廷,贾建波.低压压铸-冷挤压法制备铜包铝线的研究[J].中国机械工程, 2009,20(22):2755-2758.

[16] 张春祥,王守玉, 骆俊廷.铸造-冷挤压成形铜包铝线工艺及微观组织[J].塑性工程学报, 2010,23(4):23-26.

[17] 骆俊廷,徐岩,顾勇飞.一种铜包铝线成形工艺:中国,200810054748.4[P].2008-08-27.

[18] Chen mingan,Li huizhong.Characterization of Deformation Microstructure and Fractured Surface of Plastic Shearing of CopperBar[J].Materials Science and Engineering A,2007, 452-453(15):454-461.

[19] 吴云忠.包覆拉拔法铜包铝/铜包钢双金属导线的研究[D].大连:大连海事大学,2007:1-10.

[20] Luo Junting,Zhao Shuangjing,Zhang Chunxiang.Casting Coldextrusion of Al/Cuclad Composite by Copper Tubes with Different Sketch Sections[J]. J. Cent.South Univ,2012,19(4):882-886.

[21] Luo Junting, Xue Yahong, Liu Yongkang,et al.Stress and Strain Analysis and Microstructure of Al/Cu Clad Composite Fabricated by Cold Extrusion [J].Archives of Metallurgy and Materials,2016,61(4):1813-1818.

[22] 李建勇,骆俊廷,申江龙,等.铜包铝复合材料轧制成形模拟及轧制力计算公式[J].复合材料学报,2014,31(6):1551-1557.

[23] 杨扬,李威,陈忠平,等.Monel 合金/Cu 爆炸复合棒复合过程数值模拟[J].焊接技术, 2009(8):8-12.

[24] 杨永顺,杨栋栋.铜铝复合板的加工方法及应用[J].热加工工艺,2011(12):114-117.

[25] 李莎,高翔宇,王涛.两道次轧制对铜/铝复合板结合性能的影响[J].热加工工艺,2018,47(23):38-41.

[26] 李平仓,赵惠,马东康,等.爆炸复合+轧制法制备钛钢复合板工艺研究[J].兵器装备工程学报,2014(12):130-132.

[27] 赵鸿金,胡玉军,彭孜,等.铜/铝复合接触线连续挤压成形工艺参数[J].材料热处理学报,2014,35(7):211-217.

[28] 赵鸿金, 胡玉军, 李涛涛,等.工艺参数对连续挤压铜/铝复合接触线成形的数值模拟研究[J].材料科学与工艺, 2015,23(1):95-100.

[29] 王跃华,刘吉普.包覆焊接铜包铝线铜带成形研究[J].冶金丛刊,2008(1):10-11.

[30] 徐荣正,张德良,李慧,等.铝/铜异种金属搅拌摩擦焊研究[J].热加工工艺,2018(11):7-10.

[31] 苏德智.铝-铜异种金属平板磁脉冲焊焊接工艺与微观结构研究[D].重庆:重庆大学,2018.

[32] 李宝绵,许光明,崔建忠.反向凝固法生产 H90-钢-H90 复合带[J].中国有色金属学报, 2007,17(4):505-510.

[33] 田捍卫,王爱琴,谢敬佩,等.铜铝复合板铸轧工艺优化及实验分析[J].材料导报,2019, 33(10):115-120.

[34] 毛志平.铜铝铸轧复合板界面结构演变及结合性能研究[D].郑州:郑州大学,2019.

[35] 武洋.浇铝法制备铜铝复合铸锭的基础研究[D].沈阳:辽宁工业大学, 2015.

[36] 朱军.喷射电沉积-激光重熔复合技术制备纳米晶镍沉积层工艺试验研究[D].南京:南京航空航天大学, 2007.

[37] 王猛,谭俊,吴迪,等.喷射电沉积技术制备 $Co-Cr_3C_2$ 复合镀层的工艺优化[J].中国表面工程,2016,29(4):75-85.

[38] 吴春京,于治民,谢建新,等.充芯连铸法制备铜包铝双金属复合材料的研究[J].铸造,2004(6):432-434.

[39] 吴永福,刘新华,谢建新,等.矩形断面铜包铝复合材料的水平连铸直接

复合成形[J].中国有色金属学报，2012，(9):2500-2507.

[40] 吴永福，刘新华，谢建新.连铸直接成形矩形断面铜包铝复合材料界面及其在轧制中的变化[J].中国有色金属学报，2013(1):191-200.

[41] 季策，黄华贵，孙静娜，等.层状金属复合板带铸轧复合技术研究进展[J].中国机械工程，2019(15):1873-1881.

[42] 黄华贵，季策，杜凤山，等.Cu/Al 复合带固-液铸轧热-流耦合数值模拟及界面复合机理[J].中国有色金属学报，2016，26(3):623-629.